検証 米国農業革命と大投機相場

バイオ燃料ブームの向こう側で何が起きたのか⁉

増田 篤
MASUDA,Atsushi

時事通信社

はじめに

蓄積された時代の変化の芽はある日突然、奔流となってあらゆるものを押し流してしまう。２００8年に世界の金融市場で起こったことは、１００年に1度という、今や陳腐になった表現だけではなかなか伝えられない。

少なくとも過去二十数年間、市場原理主義をうたい文句に世界を制覇した米国型資本主義は馬脚を現した。しかし、米政府当局による果敢な救済策で崖っぷちで踏みとどまって以後は、安堵感とともに、危機意識は薄らぎ、風化も進みつつある。

日本のサラリーマンには想像を絶する巨額報酬を受け取る欧米の投資銀行マンは、約20年前には土地バブルに浮かれた日本人を「エコノミック・アニマル」「拝金主義者」などと嘲《あざけ》る一方、日本株を悠々と空売りして大儲けした。

しかし今回、サブプライム（低所得者向け高金利型）住宅ローンというかなりのハイテク商品と思わせながら、実は、住宅バブルが永続するという前提で仕組んだ、本質は単純な投機商品で、大きなしっぺ返しを食らった。弱肉強食の原理が、最後は世の中を妥当な発展に導いていくという市場原理主義は、世界最大の自動車メーカーだったゼネラル・モーターズ（ＧＭ）まで巻き込み、あっという間に破たんした。

市場原理に関して米国の金融業界関係者が通常使う表現は「フリー・マーケット（free market）」だ。つまり、政府当局は極力介入せず、売りたい人、買いたい人の交渉にすべてをゆだね、結果として妥当な価格が形成され、世の中を予定調和的な方向に導いていく。アダム・スミスの「見えざる手」ということだ。

２００８年の米証券大手リーマン・ブラザーズの経営破たんに象徴される欧米金融業界の歴史的な危機は、大手金融機関への巨額の公的資金注入などにより、かろうじて崩壊を免れた。そこでは、本来、ハイリターンを目指して自らのハイリスクを取った失敗は破たん、清算などの形で自ら責任を取らなければならないという市場原理は透徹されなかった。

人間社会がもともと物々交換から始まり、近代社会へ発展していったのだとすると、今後も市場原理が原点となるだろう。しかし、市場あるいは経済は人間の欲望の産物でしかない。「見えざる手」は常に需給関係を正確に反映した合理的な価格を形成するわけではない。強気、弱気が交錯し、時として過剰な状態も発生する。それが数十年ごとに発生する投機バブルでもある。

市場心理を最もよく熟知していた金融当局者とされる米連邦準備制度理事会（ＦＲＢ）前議長のグリーンスパン氏ですら、バブルの正確な予知は困難だと述懐している。１９９０年代に土地バブルとその崩壊、「失われた十数年」というつらい体験をした日本人には、今回米国で起きた住宅バブルとその崩壊はつい最近のデジャビュ（既視感）でしかなく、それ自体の驚きは少なかった。しかし、全世界に瞬く間に波及したその規模と破壊力にはさすがに驚いた。

そして今回、目新しかったのは投機マネーが、株式市場や金融デリバティブ（派生商品）市場から、商品市場に飛び火し、石油、金属、穀物の国際相場が軒並み史上最高値をつける「大投機相場」が展開されたことだ。中国、そしてインド、ロシア、ブラジルのいわゆるＢＲＩＣsなどの新興国の急激な経済発展による世界の資源需要の急拡大見通しがその背景だった。

著名環境学者のレスター・ブラウン地球政策研究所（ＥＰＩ）所長が１９９５年に『だれが中国を養うのか？』（日本語版：ダイヤモンド社）で世界に投げかけた警告は２０００年代に入って顕在化したようにもみえた。そして、04年末に著名投資家ジム・ロジャーズ氏が、著書“Hot Commodities”（日本語版：『大投資家ジム・ロジャーズが語る商品の時代』日本経済新聞社）で、「次の強気相場はここにある、株式ではないし、債券でもない。商品だ」とご託宣、08年の大投機相場に向けた号砲となった。

それは、株式や債券、各種証券化商品などのような単なる「ペーパー」のバブルとその破裂で、リスクを取った投資家の自己責任だけで済まされる話ではなくなった。石油価格の高騰はガソリン価格の異常な急上昇につながり、「石油依存症」で、ガソリンがぶ飲みの米国人ですら、マイカー通勤を減らし、初めてわずかながら省エネ意識を持ち、環境問題にも少しは関心を抱くようになった。

そしてトウモロコシなどの穀物価格の高騰は、新興国の経済発展による将来の需要拡大見通しともあいまって、食品価格の上昇につながり、開発途上国で食料不足の暴動が起こるなど、一般市民の生活にまで影響は及んだ。

商品相場での投機は頻繁に発生する。古くは1730年に世界初の本格的な先物市場として発足した大坂の堂島米会所でもコメの投機が問題視されたことなどで、最終的に市場は閉鎖された。米国の商品先物取引所は、投機筋が一度に保有できるポジションを厳しく制限するなど、過度の投機抑制などのルールを詳細に定めている。しかし、2008年の商品の大投機相場の中で、こうしたルールがウォール街の利益のためにいつの間にか骨抜きにされていたことが明るみになった。

一方、原油や穀物相場の歴史的な高騰の中で注目を集めたのが、全世界で急増しつつあったエタノールやバイオディーゼルなど植物を原料とするバイオ燃料だ。米国では、トウモロコシの需要拡大を目的に長年細々と続いていたエタノール生産は、ブッシュ政権になって、「中東産原油への依存度低下」をお題目に支援が強化され、2003年ごろから生産高が急増し始める。

もともとバイオ燃料は再生可能な植物から生産され生育期間に二酸化炭素（CO_2）を吸収するため、

温室効果ガス排出では中立とされ、少なくとも化石燃料である原油から精製されるガソリンやディーゼル燃料に比べれば環境にやさしいとされていた。そこに、石油依存からの脱却、そして、需要先拡大という農家対策、さらには、エタノール車実用化では先行していた米自動車大手への支援にもなるという米政府にとっては一石二鳥にも三鳥にも四鳥にもなる政策としてがぜん期待を集めた。

しかし、こうした米国のエタノールをめぐる状況は07年後半ごろから暗転し始める。もともと、大型農業機械を用い、大量の化学肥料や農薬を使用する工業型農業で生産されるトウモロコシなどを原料とするバイオ燃料は本当に環境面に良いのかとの疑問は専門家の間でくすぶっていた。そうした中で、生産の急拡大が原料トウモロコシ価格の急騰の一因ともなり、エタノールやバイオ燃料は善玉から悪玉に転落した。

このため、エタノールを終始一貫テコ入れし続けたブッシュ政権からオバマ政権に代わると、米政府のバイオ燃料政策も微妙に変化し始めた。過去数年、激動を続けた米国のエタノール産業をつぶさに見ていくと、さまざまな意味で歴史的変革期を迎えていた米国経済の波乱の実相が裏側から眺められる。それは単に農業政策だけでなく、エネルギー政策、金融市場、そして米国民の生活文化まで含めてだ。

この本ではまず、米国のエタノール業界の過去5年ほどの、ジェットコースターのような環境激変を描写する。次に、同業界の急成長がスケープゴートとなった08年の歴史的な原油、穀物などの商品の大投機相場の裏舞台と真相を、シカゴ先物市場の急発展ぶりも伝えながら探る。そして、改めてエタノールブームを支えた米国の農業、金融の強みと限界、変化の兆しに注目する。最後に、世界の食料、エネルギー、金融に関する現状認識を踏まえて、日本が市場原理主義を超えた社会経済システムをどう構築していくかを考える手がかりを提示できたらと思う。

検証　米国農業革命と大投機相場――目次

第3章　シカゴ市場、空前の活況　93

第4章　2008年の大投機相場　127

第5章　米国農業の強み と限界、変化の兆し　181

第6章　日本が学ぶべきものとは――市場原理主義を超えて

米国型市場経済モデルと日本　263

おわりに　287

装幀・本文デザイン　梅井　裕子（デック）

第1章

エタノールブーム勃発

第1章では、2005年から08年にかけて世界的にも大きな話題を集めた米国のエタノールブーム勃興期の様子を、米中西部の生産現場からのルポも交えて紹介する。特に、中東産石油への依存度を低下させるとの掛け声とともにブッシュ政権がいかにエタノール産業に肩入れしていったか、それに穀物、自動車、石油などの関係業界がどう呼応し、ウォール街の投資マネーがいかにブームに拍車を掛けたかを伝える。そして、バイオ燃料とは何かを、その簡単な歴史を振り返り、データも示しながら解説する。

２００９年２月下旬。米テキサス州サンアントニオ。米国民の愛国心をくすぐる歴史の舞台であり、テキサスのメキシコからの分離独立戦争の激しい戦闘があったことで知られる「アラモの砦」近くのコンベンションセンターに、石油会社、穀物商社、米政府当局者、バイオ企業、金融マン、エタノール専業会社など「バイオ燃料」にかかわるさまざまな業界関係者１２００人ほどが集まった。筋骨たくましく、よく日焼けした農業経営者も数多くいた。

目的は、米国のエタノール業界団体、再生可能燃料協会（ＲＦＡ）主催の年次総会「全米エタノール会議」に参加するためだ。米国でのエタノールブームはその4年ほど前から一気に盛り上がり、穀物価格の高騰の中で、世界的にも知られるようになったが、この年次総会は09年で実は15回目と、意外な歴史を持っている。それは米国のエタノール産業が、最近のバイオ燃料ブームによって、にわかに誕生した産業というわけではないことを示している。

昼間の白熱した討議を終えた夜には、こうした会議ではお決まりのカクテルパーティーが行われる。パーティー会場内を何回か回ると、業界アナリストなど何人か見知った顔も見え、業界の今後についての貴重な話が聞ける。

2日目のパーティーで、当時、時事通信社シカゴ特派員だった筆者は旧知のある農業経営者を探していた。事前に入手した会議の参加者リストで彼も来るらしいことに気付いたからだ。

時折、他の参加者と情報交換しながら、１時間ぐらいパーティー会場内を回ったがなかなか見つからない。パーティーには参加していないのかとあきらめかけていたところ、談笑していた、数人のグループのうち、がっちりした体格の一人の男に目がとまった。どこかで見たことがある顔だと思い、近づいてみた。何せ約4年前に一度会っただけで、顔はうろ覚えだ。胸の名札を見て、ようやく、探していた彼だとわかった。

05年6月に米国の穀物業界団体が主催したメディアツアーに参加し、彼の家を訪ねたことがある旨を伝え、改めて自己紹介をした。たった一人の日本人参加者だった私を覚えてくれていて、本当に奇遇の再会だと喜んで、テーブルに誘ってくれた。

「いやあ、あれからずっとローラーコースターに乗っているかのようだった」

開口一番に語ってくれたその短い表現が、過去数年間の米国のエタノール産業にかかわる人々の感慨を簡潔に伝えていた。

ブライアン・ウォルト氏は、おそらく日本人には最も縁の薄い米国の州の一つと思われるサウスダコタ州の中心都市スーフォールズ近郊で、トウモロコシ、大豆を生産する農家だ。同時に近くにあるエタノール工場に出資し、経営にも参加するビジネスマンでもある。

「周辺にはいくつもエタノール工場ができて大変だった。自分の会社も新設計画はあったが、実現しなかった」などと、過去数年の業界の激動を説明してくれた。

そして、エタノールなどバイオ燃料に対する世間の風当たりが強まっていることについては、確かにそうだと認めながらも、「米国のエタノール産業は長期的にも成長し続けるだろう」と自らに言い聞かせるかのように語った。

ブームの始まり——サウスダコタにて

◆GM作物はほぼ普及

「遺伝子組み換え（GM）品種の導入により、トウモロコシのイールド（1エーカー当たり収量）は導入前の85ブッシェル（1ブッシェル＝約25・4キログラム）から150ブッシェルまで向上した。GM種子の技術料を支払っても、ケミカル（化学肥料・農薬）の削減でコストは20％程度減少した」

ブライアン・ウォルト氏（米穀物協会提供）

ブライアン・ウォルト氏は、2005年6月下旬、米穀物協会のメディアツアーに参加し、同氏の自宅を訪問したアジア、欧州、南米などの10人ほどのジャーナリストを前に米国でのGM作物のメリットについてこう語った。

このツアーは、米国ではほぼ完全に市民権を得て、一気に普及が進んだGM作物について、米国以外の国にもさらに普及させることを目的に、米国のトウモロコシの輸出促進団体「米穀物協会

（US Grain Council）」がアレンジしたものだ。

ウォルト氏は、曾祖父の代からの農家で、10年ほどダラスでコンピューター関係の仕事をした後、この約10年前に実家に戻り農業を継いだという。

当初は父の所有する農地、約500エーカー（1エーカー＝約4047平方メートル）からスタート。少しずつ借地で農地を増やし、現在の1100エーカーの規模になった。それでも米国では中小規模であり、現在でも従業員は雇わず、一人でほぼ全作業を行っているという。

GM農法の導入で、以前と比べ銀行預金は30％ぐらい増えたというが、米国の地価上昇の影響で借地料も上昇、さらに燃料価格の高騰もあって、必ずしも毎年、最終的な手取りの増加がこれほどあるとは限らないようだ。

ただ、GM農法のメリットはさまざまあるようだ。

「従来のGMを使わない伝統的な農法の場合、例えば大豆では、除草剤など5種類の農薬を散布しなければならないという極めて憂鬱な仕事があった。GM農法の導入で労働時間は約2割減少、自由時間が増え、家族と一緒に過ごせる時間が増えたことが本当に大きい」

◆ジャーナリストの関心はエタノールに

ウォルト氏が初めてGM種子を作付けしたのは米国でもGM作物導入初年度となった1996年で、最初は150エーカーだった。現在では、作付面積のうち500エーカーを占めるトウモロコシでは、ＧＭ比率は既に80％と、農務省の指針の上限に達している。一方、大豆の作付面積も５００エーカーで、既に１００％がＧＭ品種「ラウンドアップ・レディ」だ。同氏の農法は既に完全にＧＭに移行したといってもよい。

サウスダコタ州は、実はＧＭ作物普及の最先端州でもある。同州の２００５年当時のＧＭ品種の普及比率（米農務省調べ）は、トウモロコシが83％（前年79％）で全米トップ、大豆は前年から横ばいの95％で、ミシシッピ州（96％）に次ぐ2位だが、主要生産州としては実質トップといってよい。同州でＧＭ農法が急速に普及した理由について、同州のトウモロコシ生産者団体の関係者は、「サウスダコタ州には表土の流出の問題があった。このため作付け前に畑を耕さない不耕起栽培の導入が進んだ」と説明した。不耕起栽培の場合、除草剤が不可欠になるため、除草剤耐性のあるＧＭ品種へのニーズはより高くなるという。

「ラウンドアップ・レディ」大豆は米農業バイオ大手モンサントの主力除草剤「ラウンドアップ」への耐性がある、つまり、除草剤を散布しても枯れない大豆で、ＧＭ大豆の大半はこの種類だ。世界の穀物供給の主要な担い手である米国ではもはや、ＧＭ作物の是非に関する議論はほとんど聞かれない。しかし、このメディアツアーでは、各国、特に欧州のジャーナリストからは、改めて安全性の問題、表示の問題などの質問が数多く出るなど、依然、関心が高いことがうかがえた。ただ、特にブラジルなど南米のジャーナリストなどは、このころから急に世界的な注目を集め始めていたエタノール生産についてより大きな関心を寄せていた。

もともと、GM作物の世界的な拡大を目指した啓蒙活動のはずだったこのメディアツアーでも、ジャーナリストから「エタノール生産の現場を見たい」との要望が強く、急きょエタノール工場の多いサウスダコタ州が見学場所に組み入れられた。

◆農家にはヘッジ効果も

「収穫したトウモロコシの75%をエタノール工場に出荷している」

ウォルト氏が質問に対しこう答えたとき、ジャーナリストの間で、ちょっとした驚きが広がった。

ダコタ・エタノールの工場

実は、ウォルト氏は、自分の出荷先ともなるエタノール工場に自ら出資し、経営にも参加していることがわかり、ようやく納得できた。同州の穀物業界関係者はこの時点で、サウスダコタ州のトウモロコシの3分の1はエタノール生産に振り向けられていると説明した。

メディアツアーはウォルト氏の自宅でのインタビューの後、早速、ウォルト氏も出資するエタノール工場の見学に向かった。

「2001年9月から生産を開始した。周辺の農家から集荷したトウモロコシを1日、250トン投入して、1日約530万リットルのエタノールを生産している。24時間稼働で、約3日間で1生産サイクルが終了し、エタノール、乾燥ディスティラーズ・グレイン

(Dried Distillers Grains with Solubles＝ＤＤＧＳ＝飼料となる副産物)、二酸化炭素の三つの製品が生み出される。そしてエタノールの大半は鉄道で出荷される」

ウォルト氏も出資し、取締役として経営に参画する「ダコタ・エタノール」社で、会員コーディネーターを務めるアラン・メイ氏はまず、サウスダコタ州ウェントワースにある同社のエタノール工場の基本情報を教えてくれた。

「原料トウモロコシは飼料用に使われるものと全く同じだ。買い付け価格は、国内飼料向けや輸出向け買い付け業者の価格と比較しても競争力があると思う。もちろんなるべく安く買うけどね」

ダコタ・エタノールは、この取材時点で９７４人の穀物農家が88％出資する典型的な協同組合型のエタノール会社だ。農家は工場建設に投資するとともに、自分の農場で生産したトウモロコシをエタノール原料として供出する。

「農家にとってはトウモロコシ価格が上昇した場合は、その売却収入が増加する一方で、エタノール会社への投資からの収益は（原料コスト上昇が原因で）減少する。トウモロコシ価格が下落した場合はその逆だ。つまりお互いに相殺し合い、ヘッジ効果があるということだ」

ウォルト氏は、農家によるエタノール工場投資のメリットをこう強調する。

メイ氏も、エタノール工場の経営の立場から、「農家が儲かる1ブッシェル当たり3ドルというトウモロコシ相場は、われわれとしては見たくない数字だ」と苦笑しながらも、「農家にとってエタノール工場への投資は理想的なヘッジ手段だ」と、ウォルト氏の見方に同意する。

◆5年で5倍の投資収益

「（工場建設計画がスタートした）1999年に1万ドルを投資した農家は今、その資産価値は5万ドルになっている。5年で5倍ということ。農家にとっては極めて良い投資だっただろう」

メイ氏は、エタノール投資が高収益を挙げたことを少し誇らしげに紹介する。

ウォルト氏は、サウスダコタ州では、1999年時点ではダコタ・エタノールのような大きな規模のエタノール工場がまだなかったこともあり、投資を決断した際、周りの仲間から「クレイジー」だと言われたという。「今でもそう思っている人がいる」と苦笑しながら、「世界は変わり始めた」とエタノール工場への投資の成功を実感している。

ウォルト氏は、農家にとってエタノールビジネスはただのカネ儲け手段だったわけではなく、環境や社会にとっても理想的なものだとも訴える。

「トウモロコシ畑は常時、太陽エネルギーを吸い上げてそれを保存し、燃料に転換する。つまり太陽エネルギーを液体化するということだ。残った『かす』にも、依然、飼料としての価値がある。完璧なサイクルが続くということだ。こうしたプロセスが個人的には本当に好きだ」

エタノール生産では米国の最大のライバルであるブラジルのジャーナリストからは、「米国はエタノールを輸入すべきだと思うか」との質問も。メイ氏は「その必要はない」と言下に否定。「サウスダコタ州だけでも三つの工場建設計画があり、新工場が米国内で続々と計画されている。大規模拡張を予定している工場もある」との見通しを示した。ダコタ・エタノールの工場拡張についても、メイ氏、ウォルト氏とともに、「常に検討している」と前向きだった。

2005年春。実際にはこのときには既に、ウォルト氏も認めているように、エタノール業界では生産過剰の気配が指摘され、工場の建設計画のペースも減速の兆候が出始めていた。しかし、それでも一般メディア的には米国でのエタノールブームはいよいよ最高潮に向かおうとしていた。

ブッシュ大統領の進軍ラッパ

◆一般教書演説にエタノール登場

「予算では最先端技術のための強力な資金手当てをした。その技術とは、水素燃料自動車から、クリーン石炭、そしてエタノールのような再生可能資源までだ。米国をより安全な国とし、外国産のエネルギーへの依存度を減らすための法律を成立させるよう議会に働きかける」

ジョージ・W・ブッシュ米大統領は2005年2月2日の一般教書演説で、包括的エネルギー政策の必要性に関し、こう訴えた。毎年初めの政権の主要政策に関する所信表明ともいえる一般教書で、当時はまだ小さな産業でしかなかったエタノールに大統領が直接言及したのは、珍しかったようで、エタノール業界や農業関係者の間でも驚きをもって受け止められた。

そしてこれ以後、大統領は、エタノールやバイオディーゼルなどのバイオ燃料を積極振興していく方針を、毎年の一般教書演説やその他の機会に繰り返し訴えていくことになる。

特に印象深かったのは、05年6月15日に、ワシントンDCで開催された「エネルギー効率化フォーラム」での演説だ。ブッシュ政権はちょうどこのころ、外国産原油への依存度低下を目的に01年5月に策定した新エネルギー政策を具体化する包括的エネルギー法案の成立に全力を傾けていた。

米同時多発テロ後の01年末には1バレル＝20ドル台割れの水準まで落ち込んでいた原油価格は、03年3月にイラク戦争が始まり、中東情勢が一気に緊迫する中で、30ドル台に乗せた。そして、03年末からいよいよ右肩上がりの展開が始まり、05年春には50ドル台を突破、原油高が米経済にも大きな圧迫材料となり始めていた。

ブッシュ大統領は同フォーラムで、政権の最重要課題の一つとして位置付ける外国産原油への依存度低下に向けたいくつかの対策を明らかにした。一つ目はハイブリッド車やクリーン・ディーゼル車の普及促進によるエネルギー効率の改善策。二つ目が民主党の強い反対を受け続けていたアラスカ州自然保護地域（ＡＮＷＲ）での石油開発など、国内での油田開発、生産拡大策だ。

そして三つ目の対策として挙げたのが、原油という化石燃料から作られる既存のガソリン、ディーゼル燃料の代替となるエネルギー源の開発、普及促進策だった。そこでは従来から政府が開発資金を投じている燃料電池に加え、エタノールとバイオディーゼルをより積極的に普及支援していく方針をこう高らかに宣言した。

「エタノールはトウモロコシからできる。国内には優れたトウモロコシ農家が多数いる。エタノールを外国産石油の代替として奨励することは意味がある。いつの日か米国の大統領は『われわれは原油をどのぐらい輸入しているのか』と質問するのではなく、『穀物報告（米農務省の需給報告）を見せてくれ』と言うことになるだろう」

後述するが、需給報告とは、米農務省が毎月10日前後に発表している、米国および世界の主要農産物の作付面積や生産高などの詳細なデータで、政策当局者を含めた世界の農業関係者が最も注目する統計だ。そこでは、既にエタノールもトウモロコシの主要用途として項目化されている。この大統領の比喩的な表現は、スピーチライターのちょっと気のきいたアイデアだったかもしれないが、米政府が既に、トウモロコシなどの穀物をエネルギー源の一つとみなし、農業政策をエネルギー政策と同じ土俵でとらえ始めていたという意味で画期的だった。

◆ウォール街からマネー流入

世界の商品先物取引の中心地、シカゴでエタノール先物取引の開始が話題を集めていた2005年2月中旬、農産物先物を得意とする独立系で老舗の大手先物取引会社R・J・オブライエンの農産物担当幹部で、エタノール業界にも詳しいマーク・メッガー氏と会った。

同氏は最近、エタノール業界の会議に参加してきたとした上で、「2年前の会議までは本当に細々と行われていたが、昨年の会議から急に、ウォール街の投資家や銀行らが大挙して会議に押し寄せるようになった」と驚きを込めて語ってくれた。

その会議とは冒頭でも紹介した米再生可能燃料協会（RFA）の年次総会のことだ。もともと、この会議はエタノール会社の経営幹部や出資農家、原料を供給する穀物商社、政策当局者が中心だったが、04年ごろから同会議に、ニューヨークの投資銀行のほか、ベンチャーキャピタル、商品ファンド、プライベート・エクイティー（株式未公開企業）投資ファンドなど金融業界関係者が大挙押し寄せ始めたという。まさに、エタノール産業の〝バブル〟が始まったことを象徴する話だった。

R・J・オブライエンのメツガー執行副社長

米国でのエタノールブームがいよいよ本格化しようとした05年2月中旬に行ったメツガー氏のインタビューは、その当時の雰囲気をビビッドに伝えており、ここでは時事通信社のニューズレター「農林経済」（05年3月24日号）に掲載された記事を若干修正した上で紹介する。

――米国のエタノール市場の現状はどうなっているか。

エタノール産業は、新たに発展を遂げてはいるが、そもそも20年ぐらいの歴史がある。急成長し始めたのは5～7年ぐらい前。さらに爆発的な拡大を始めたのはここ2～3年だ。

歴史的にいえば、当初は政策主導の事業で、補助金がなければ収益性が低いものだったため、初期のころの成長はゆっくりだった。しかし、大気浄化法（Clean Air Act）ができてから、ようやく産業は長期的に存続可能になった。

――エタノール産業発展の要因は。

特にガソリン添加剤であるメチル・ターシャリー・ブチル・エーテル（MTBE）の環境や健康への悪影響懸念が問題になったことで、よりクリーンなエタノールが注目されるようになった。

二つ目は政治的なもので、再生可能燃料は農業大国、米国を助けるというものだ。

三つ目は外国産の石油への依存度を低下させるという動機だ。これも極めて政治的メッセージだ。再生可能資源を使うことで外国産石油への依存度を減らせるとすれば米国の役に立つわけで、議会や全米にアピールしやすい。

――エタノール工場の建設ペースをどう考えるか。

工場建設ペースは、需要の伸びに比べ速すぎるようだ。一時的だが、業界関係者は05年末から06年初めにかけて、エタノールは供給過剰になるだろうとみている。しかし、07年には再び供給不足になりそうだ。

15～20年前の初期のころは農家や農業協同組合などが付加価値商品を作ろうとして、エタノール工場建設を独自に始めた。農家にとってエタノールは初期参入コストが極めて安い理想的な事業だった。これに比べ、トウモロコシ加工工場や大豆圧砕工場の初期投資額ははるかに高いものになる。このため地方の農協などにとってエタノール工場は適切な投資となった。

さらにここ1～2年の最新トレンドとしてエタノール工場への投資リターンが極めてよかったことから、プライベート・エクイティー投資ファンドなどの資金が流入してきている。彼らはポートフォリオ分散でエタノールに投資するようになった。劇的な変化だ。

——主な市場参加者は。

最大のプレーヤーはアーチャー・ダニエルズ・ミッドランド（ADM）だ。ADMは最初のころから参入している。彼らは市場参入に関して極めて戦略的決断をしてきた。これは補助金がらみの事業に投資するかの判断であり、他社は翌年の補助金がどうなるかわからないということで、消極的だった。ADMは大ざっぱにいって40～50％のシェア（インタビュー当時）がある。ただ、農協や個人投資家が工場をどんどん建設するようになってからそのシェアは低下傾向だ。ピーク時には70％近くあったはずだ。

——エタノールの収益性はどうなっているか。

エタノール産業は現在極めて収益性が高くなっている。それはトウモロコシ価格が下がる一方で、原油価格がバレル当たり40ドル台半ばに高止まっていることの相乗効果だ。ブレンダー（ガソリンへのエタノール混合業者）もエタノールの混合量を増やせば収益性は極めて高くなる。

——米国、そして世界のエタノール市場の展望は。

極めて明るい。エタノール産業はエネルギーコストのニューパラダイムの中で大きな寄与を受けるだろう。原油価格が今後もバレル当たり45～50ドルに高止まり続けるかどうかわからないが、かつてのような極めて安い原油価格は過去のものだろう。

一方で、トウモロコシのイールドの大幅な向上というメリットも受ける。飼料用穀物の価格が相対的に下がる一方で、エネルギー価格が歴史的にも高い水準になっているという状況はエタノールにとって極めて良い環境だ。

世界は今後、石油の供給問題に関してますます不安な状況になっていくだろう。米国は一般社会に対して、再生可能資源が外国産の石油への依存度を減らすことができるとアピールしやすくなっていくだろう。

短・中期的には米国のエタノール市場は極めて健全なビジネスになりそうだ。さらに、世界の状況についても極めて楽観的だ。ブラジルは米国よりも大幅に先行して市場を発展させてきたし、オーストラリアでも工場建設が提案され、カナダでも新たな動きも進んでいる。すべては石油供給の不透明感からだ。

エタノールの時代が来た

◆政治家はこぞって支援

２００５年に一気に火がついた米国のエタノールブームはさまざまな意味で、06年に絶頂期を迎える。それは、原油価格の高騰を受けて、世界中でガソリンやディーゼルなど化石燃料の代替となる燃料の開発が必要との認識が高まったためだ。

米国の主要穀物であるトウモロコシや大豆を原料にできるバイオ燃料の振興策は政府にとって強力な農家支援策だ。さらに、ハイブリッド車の実用化など環境対策で日本勢に立ち遅れた米自動車大手はバイオ燃料対応車に活路を見いだそうとし、06年、米国では官民挙げたバイオ燃料狂想曲が繰り広げられた。

「米国は〝石油中毒〟になっている。この中毒症を打破する最良の方法はテクノロジーだ。……われわれは、自動車の動力源も変えていかなければならない。ハイブリッド車や電気自動車のバッテリー、水素燃料自動車の研究を強化する。さらに、トウモロコシからだけでなく、木材チップや植物の茎類などからエタノールを作る革新的技術への調査にも資金を投入する」

ブッシュ大統領は06年1月31日の一般教書演説で、こう力説した。1年前の同演説で初めて、有力な代替燃料としてエタノールの名前を例示してから、さらに一歩踏み込んだ形だ。この演説の中で、大統領は中東からの原油輸入を25年までに75%以上削減することを目標とした新たなエネルギー戦略も発表。エタノールなどのバイオ燃料はその戦略で重要な役割を担うことになった。

一方、当時、各種講演などで人気者になっていたクリントン元大統領もバイオ燃料にエールを送った一人だ。クリントン氏は、06年4月上旬にシカゴで開催されたバイオテクノロジー業界の国際会議「BIO2006」で基調講演した際に、バイオ業界にとって最も重要なのはエネルギーの将来に貢献することだとした上で、「燃料の分野では明確にバイオ燃料に向かうべきだ」と強調。バイオ燃料の中でも、あらゆる農業廃棄物が原料となり得る、エネルギー転換効率の良いセルロース（植物繊維）系エタノールの研究開発により力を入れていくべきだと訴えた。

06年ごろの米国では、農業やバイオ業界の会合でバイオ燃料がテーマになるたびに、歴代大統領だけでなく、州知事、上下両院議員などの有力政治家が駆けつけ、バイオ燃料のメリットを訴えるのが日常的光景になった。政治家にとって、バイオ燃料推進派であることを標榜することは、選挙対策としての農家票取り込み、エネルギー政策のアピール、そして環境対策にも力を入れているというポーズが取れるなどプラス効果は絶大だった。

◆〝すき間〟から表舞台へ

2006年2月下旬にネバダ州ラスベガスで開催されたエタノール業界恒例の年次総会「全米エタノール会議」は成長産業特有の熱気であふれていた。この年、初めてこの総会を取材カバーすることのできた筆者にとって、多数のパネルディスカッションの内容も新鮮な話が多く、さまざまな業界からのエタノールに対する期待の高さを実感できた。

この会議の一つのハイライトは、長年、積極的なロビー活動を含め米国のエタノール産業をけん引してきた、再生可能燃料協会（RFA）のボブ・ディニーン理事長による業界の現状を報告する基調講演（State of Industry Address）だ。特にこの年の演説は印象的だった。

同理事長はまず前年を振り返り、「05年は米国のエタノール産業の歴史上で極めて重要な年として記憶されるだろう」と指摘。米国のエタノール産業は健全で、将来は明るいなどと熱弁をふるった。そして、エタノールブームの到来を次のように高らかに宣言した。

「エタノールは米中西部のニッチ（すき間）の商品から、米国の自動車燃料市場では、どこにでも必ずある全国レベルのものになった」

さらに「エタノールの時代が来た」と連呼して、聴衆の拍手喝さいを浴びた。

同理事長は、エタノールの生産は世界各国で拡大、「05年に全世

ディニーンRFA理事長

界のエタノール生産高が120億ガロンに達した」と報告。米国がこの年、ブラジルを抜いて燃料エタノールの生産国世界トップになったことも明らかにした。

RFAがこの会議で発表した「2006年の業界展望」によると、05年の米国のエタノール生産量は前年比17％増の40億ガロン（約151億リットル）に達した。01年比では126％の増加だ。米国内で販売される自動車ガソリンの30％にエタノールが混合されるまでになったとも説明した。

また、06年初め時点での米国内のエタノール工場数は前年同期に比べ14工場増加し、95工場（19州）となった。さらに、全米で34工場が建設中と、まさに建設ラッシュが続いていた。

この年の会議には、米国のエタノール政策に深くかかわる、農務省と環境保護局（EPA）のトップも顔をそろえた。ジョンソンEPA長官（当時）は「エタノールなどでのイノベーションが米国の変革の触媒になる可能性がある」とした上で、今後20年間で、「外国産石油はかつてのタイプライターのように廃れていくだろう」と言い切った。

エタノールなどバイオ燃料は、米国のエネルギー政策、そして農業政策の救世主になるとの期待も高まる中、ブッシュ政権は06年後半にかけバイオ燃料に対して一段と前のめりになっていく。

同年10月11日、米中西部の主要農業州の一つであるミズーリ州セントルイスで、バイオ燃料の技術革新、利用促進策を話し合う初めての農務省、エネルギー省共催の会議「再生可能エネルギー会議」が開催された。この会議には両省長官と業界大手トップが顔をそろえたほか、ブッシュ大統領も自ら参加し、外国産原油への依存度低下に向け、国を挙げた取り組み強化を訴えた。

ジョハンズ農務長官（当時）は会議初日に行った講演で、エタノールの生産急増に伴って原料トウモロコシの供給不足が起こるのではという懸念が出始めていたことに対し、解決のカギは「生産性」の向上だと指摘。今後数年以内にイールド（1エーカー当たり収量）を40％向上させる干ばつ耐性を持つトウモロコシ種子を民間企業が開発中だとの話を紹介した。さらに、セルロース系エタノールなど次世代技術の実用化の取り組みを強化していく姿勢も示した。

◆業界のスター誕生

この再生可能エネルギー会議でスポットライトを浴びたのは世界有数の穀物メジャーで、古くからエタノール生産を手がけ、バイオ燃料業界のリーダー役だった米アーチャー・ダニエルズ・ミッドランド（ADM）のパトリシア・ウォーツ最高経営責任者（CEO）だった。

ウォーツADM会長

ウォーツCEOは2006年4月に、米石油大手シェブロンの執行副社長からADMの社長兼CEOにスカウトされたばかりだった。米経済誌フォーチュンで00年以来毎年、女性経営幹部トップ10の一人に選ばれるなど、米産業界の女性リーダーの一人と目されていたことに加え、石油業界から穀物業界への転身という意味で大きな話題となった。

ウォーツ氏は、1977年にシェブロンとの合併前のガルフ・オイルに入社し、製油事業やマーケティングを担当。シェブロンとの合併後も、多くのグループ子会社のトップを歴任した後、2001年にシェブロンの執行副社長となっていた。

伝統的な穀物商社であるADMは、トウモロコシ原料のエタノールの生産では当時、米国最大手クラスだっただけでなく、植物を原料とするバイオプラスチック事業も強化していた。同社が本業の食料生産、供給から徐々に植物を原料とするエネルギー生産や工業製品へ重点を移しつつある中での、ウォーツ氏の起用は、ADMが、穀物メジャーから総合エネルギーメジャーを目指し始めた象徴として受け止められた。

就任から約半年後、事実上の業界へのお披露目となったこの日の講演は、バイオ燃料の歴史に関する知見まで披歴する力の入ったものだった。

ウォーツ氏は、中国などの経済成長により、今世紀半ばまでに食料需要は倍増する一方で、石油などの伝統的資源ではエネルギー需要を十分に満たせなくなるという課題を指摘。「拡大する需要に合ったエネルギーを供給しない限り、世界の増大する食料需要も満たすことはできない」が、包括的な対策を取れば、食料とエネルギーの両方の十分な供給は可能だとの認識を強調した。

そして、トウモロコシ原料のエタノールと植物油原料のバイオディーゼルが当面、バイオ燃料において大きな比重を占め続ける見通しだが、「エネルギーの将来は単一の原料や製品にあるのではなく、供給源の多様化にある」と述べ、セルロース系エタノールの技術開発にも全力で取り組んでいることを明らかにした。

また、ウォーツ氏は米フォード・モーターの創業者ヘンリー・フォードが最初に作ったエンジンの燃料はエタノールだったなどのバイオ燃料の簡単な歴史も紹介した。第2次世界大戦ごろまで自動車燃料でのエタノール利用は増え続けていたにもかかわらず、それ以後、燃料用エタノールは、「米国ではほとんどなくなってしまった」と指摘。その理由について、「中東で石油が発見され、バイオ燃料は競争に負けた」からだと興味深い解説をした。

就任から約半年で、習得した穀物業界やバイオ燃料業界の知見と、自ら長年培った石油業界のノウハウを融合、昇華させた。バイオ燃料業界にスター性もある、新たなオピニオンリーダーが誕生した瞬間だった。

一方、この会議の開催地セントルイスに本社があり、遺伝子組み換え（GM）技術など農業バイオ分野で世界のトップ企業であるモンサントのフレーリー執行副社長兼最高技術責任者（CTO）も登場した。

同氏は、「25～30年前のトウモロコシのイールドは80ブッシェルだったが、今年（06年）は154～155ブッシェルとほぼ倍増した」というGM作物の実績を紹介する。

これらは害虫駆除効果や除草剤耐性のあるGM種子の導入などが大きく寄与したためとし、今後も品種改良プロセスの効率化などでイールドの向上ペースは加速されるだろうという。

「30年までには、イールドは再び倍増し、作付面積9000万エーカーで、250億ブッシェルの生産も可能になる。これは、飼料用の需要をすべて満たした上で、500億ガロン分のエタノール生産が可能になり、ガソリン需要の約25％を賄えるということだ」

将来、バイオ燃料向け需要が着実に増加し、穀物需給をひっ迫させるとした場合、限られた農地面積の中では、イールドを向上させることが不可欠であり、そこではGM技術が威力を発揮するというわけだ。

イエローを目指せ——米自動車大手の号令

◆米自動車産業も本腰？

「グリーンとともに生き、イエローを目指せ」

ゼネラル・モーターズ（GM）は2006年初めから、こんなキャッチフレーズで鮮やかな黄色の基調色が目を引く、エタノール車の大々的な広告キャンペーンを始めた。「グリーン」は環境との共生を意味し、「イエロー」は、エタノールの原料となるトウモロコシを表現した。

そしてGMは、同年2月上旬に開催されたシカゴ自動車ショーで、大型ピックアップトラック「アバランチェ」の新型を発表。この新型では「E85」と呼ばれるエタノールを85％、ガソリンを15％混合した代替燃料でも通常のガソリンでも走行可能なフレックス燃料車（FFV）を用意、同モデルを

フォードのエタノール・ハイブリッド車

GMのE85対応のフレックス燃料車

〝ポップコーンの滝〟の中から登場させる演出をこらした。

ＧＭ幹部は、ブッシュ大統領が1月末の一般教書演説でエタノールの開発促進を改めて訴えたことに言及。「Ｅ85対応車ではＧＭが業界リーダーだ」と誇らしげに訴えた。

また、フォード・モーターも同自動車ショーで、世界初のエタノールとガソリンの混合燃料で走行可能なハイブリッドシステムを搭載したスポーツ用多目的車（ＳＵＶ）を紹介。さらに同社は07年8月には、エタノール生産大手ベラサン・エナジーが製造する「Ｅ85」燃料で走行可能なハイブリッド車のデモ走行を2年間の予定で、ベラサンの本社のあるサウスダコタ州スーフォールズなどで開始した。車種は「エスケープ・ハイブリッド・Ｅ85」で、通常のガソリンで走行する「エスケープ・ハイブリッド」と比較して温室効果ガス排出が25％削減されるとした。

エタノール燃料車は、ハイブリッド車や燃料電池車のような革新的な技術開発の必要はなく、日本の自動車メーカーとの競合で敗退を続けた米自動車大手にとっては日本勢に対抗して、唯一、優位性を活かせるジャンルだった。特に、米国が世界で独占的なシェアを占めるトウモロコシが原料で、米政府の強力なバックアップも得られるという魅力もある。

さらに、米大手の最後のドル箱である大型ピックアップトラックの有力顧客、農家の気持ちに訴えかけることができる。

ＦＦＶは、米政府が自動車メーカーに義務付けている自動車の平均燃費基準（ＣＡＦＥ）規制では環境配慮車として位置付けられ、燃費計算上でも大幅に優遇されている。Ｅ85の燃費が実際には通常ガソリンの燃費に比べ劣るのにもかかわらず、ＣＡＦＥ基準では相当な下駄をはかせてもらっている。明らかに日本勢などに対抗した米自動車大手支援策だ。

一方、ハイブリッド車で優位に立つトヨタ自動車や、既にブラジルではエタノール車を販売していたホンダなどの日本勢は、米国でのバイオ燃料車販売の動機に乏しく、バイオ燃料狂想曲を冷ややかに眺めていた。

その後、ＧＭなど米自動車大手の経営危機が深刻化。06年に大々的に打ち出したエタノール燃料対応車の販促活動も次第に目立たなくなり、自動車ショーでの扱いもどんどん小さくなっていた。

米再生可能燃料協会（ＲＦＡ）によると、ＦＦＶの流通台数は現在約７００万台となっており、06年比では約２００万台増えた。さらに、09年初めの時点でＥ85販売ガソリンスタンド数は１９００カ所と、全スタンド数が約17万カ所とほぼ横ばいになる中で、その比率は約1％まで拡大した。しかし、ＧＭが09年初めについに経営破たんしたことをみても、エタノール燃料車が米自動車大手の救世主になることはなかったといえる。

◆石油産業のスタンスは

一方、エタノール需要の増加で、わずかながらでもガソリンなどの石油製品需要が奪われることになる石油業界のエタノールに対する見方はどうだったか。

エネルギー業界世界最大手のエクソンモービルのダン・ネルソン副社長は2006年2月の全米エタノール会議の基調講演者の一人として登場。「われわれは米中西部で、エタノール混合ガソリン供給で先行した業者の一社であり、(エタノールの)大量の需要家であり続けている」とまずは業界にリップサービスをした。

エタノールが、主力のガソリン添加剤だったメチル・ターシャリー・ブチル・エーテル(MTBE)の代替として急浮上したころは、石油業界のエタノールに対する反発姿勢は強かった。しかし、MTBEの環境被害が問題視され、米政府内で原油価格の高騰により外国産原油への依存度低下が急務との認識が高まるにつれ、石油業界も徐々に、バイオ燃料の登場も時代の流れといったように、一部容認姿勢に転じてきた。

ネルソン副社長はこの講演で、今後はセルロース(植物繊維)系エタノールなどの実用化研究が急務だと指摘するとともに、「30年までに世界のエネルギー需要が50%増加し、その多くが輸送機関の燃料需要だ。こうした需要の大半を石油が満たすことになるが、バイオ燃料も重要な役割を果たすだろう」との見通しを示した。

ネルソン氏は一方で、連邦政府、州政府がMTBEを禁止する一方、バイオ燃料の普及促進に躍起になっていることに対し、「すぐにロジスティック（配送システム）に問題が生じる可能性が高まってくるだろう」との懸念も表明した。実際、米東部各州ではガソリン添加剤MTBEの禁止とエタノールへの切り替えにより、エタノール混合ガソリンの供給不足が生じ始めていた。

さらに、06年10月の「再生可能エネルギー会議」に登場した米石油協会（API）のカバニー会長兼最高経営責任者（CEO）もほぼ同様に是々非々のスタンスだった。エタノールなどのバイオ燃料は21世紀の米国のエネルギー戦略で重要な役割を果たすだろうとエタノール業界にエールを送る一方で、「一部のエタノール推進派がE85だけを重視していることを石油業界は懸念している」と述べ、ガソリンへのエタノール混合比率が10％でしかない「E10」に対し、ガソリンそのものの代替となる可能性を秘める「E85」に強い警戒感を示した。

◆広がるバイオ燃料ブーム

2005年ごろから、外国通信社などから配信されるエタノールやバイオ燃料に関するニュースは急増していった。06年、そして07年までエタノールブームを象徴するエピソードは事欠かず、特に、関連業界だけでなく広範の業界に広がっていったことが印象的だった。

例えば、米カリフォルニア州のエタノールメーカー、パシフィック・エタノールが05年、西海岸の5カ所にエタノール工場を建設する計画に対し、投資会社カスケード・インベストメントが同社に8400万ドル投資することを明らかにした。このカスケード社は米マイクロソフトのビル・ゲイツ会長の会社で、ついにゲイツ氏までがエタノールブームに乗ってきたと話題を集めた。

また、小売業世界最大手の米ウォルマート・ストアーズは06年6月、持続可能な社会への貢献策の一環として、店舗併設のガソリンスタンドでのエタノール混合ガソリンの販売や、輸送用トラックでのバイオディーゼル利用など、バイオ燃料の活用を検討する方針を表明した。

ちなみに、日本がらみの印象深い出来事もあった。07年5月4日、当時、農林水産相だった松岡利勝氏が、米イリノイ州西部にあるエタノール工場を視察した。同氏は工場内を見学後、「エタノール生産の将来性に大きな確信を持った」などと語り、日本国内でも地球温暖化対策、そして農村対策としてバイオ燃料の普及を強力に進めていく方針を表明した。

このときに訪問したのは、エタノールの原料となるトウモロコシを生産する農家1300戸ほどが共同出資し、02年に操業を開始したアドキンズ・エナジー社。6年前に議員連盟を立ち上げるなど、再生可能エネルギー分野に強い思い入れがあるとする松岡氏は、工場関係者に生産過程などについて矢継ぎ早に質問を浴びせ、実際にできたエタノールの匂いをかいだり、副産物の動物飼料の味見をしたりするなど、エタノール工場初訪問の興奮を隠せない様子だった。

同氏は「1000ドルの出資に対し、1年間に2200ドルもの配当が支払われた」という高収益性に、特に強い感銘を受けたという。そしてバイオ燃料が「農業の新たな領域となり、大きな分野になる」ことが確認できたとし、国産バイオ燃料の年間生産量を30年度までにガソリン年間消費量の1割に当たる600万キロリットルにするとの農水省目標に向けた取り組みを推進していくと強調した。さらに、「世界全体がエタノールに向かっている」中では、税制などの条件整備は日本が一番遅れていると訴え、ガソリンと競争するための優遇税制の導入など税制整備にも本腰を入れて取り組んでいくとの意欲を示した。

当時、既に政治資金問題が浮上していた同氏は、このわずか数週間後に自殺し、日本国内に大きな衝撃を与えたのは周知の通りだ。

なぜバイオ燃料か

◆バイオ燃料とは

ここで改めてバイオ燃料とは何かをエタノールを中心に簡単に紹介しておこう。

バイオ燃料とは一般的には、植物資源や動物の排泄物などのバイオマス（生物体）を原料とした燃料のことを指す。太古から行われている、木や薪を燃やしてガス化して熱を得ることもバイオ燃料の利用といえる。化石燃料の発見以前は発電も含めエネルギー生産にはバイオ燃料が利用されていたわけだ。そして近年の原油の価格高騰と将来の枯渇懸念から、長年忘れられていたバイオ燃料が復権するにいたった。

バイオ燃料は石油や石炭、天然ガスなどの化石燃料と異なり再生可能な燃料だ。また、植物は生育過程で光合成により二酸化炭素（CO_2）を吸収することから、自動車で走行する際の二酸化炭素排出分は相殺され、京都議定書でも温室効果ガス排出では中立（カーボンニュートラル）とされている。

ただ、原料がトウモロコシや大豆などの商業作物だった場合、これを生産する際には、大型農業機械を動かし、肥料や農薬などを大量投入するため、相当量の化石燃料を消費する。さらに、農地造成で広範囲の森林を伐採することもあることから、原料生産過程をより広い分野まで見た場合には、温室効果ガス削減では中立ではないとの見方も増えている。

そして代表的なバイオ燃料がガソリンと混合あるいは、代替されるエタノールであり、ディーゼル燃料と混合、代替されるバイオディーゼルだ。ここでは、米国で使用量が圧倒的に多い、エタノールを中心に、その製造方法、特性などを簡単に紹介する。

自動車燃料用エタノールも米国ではただ、“ethanol”とだけ表記される。日本では「バイオエタノール」や「バイオマスエタノール」などと表記されることが多いが、この本の中では字数の節約もあり「エタノール」と表記していく。

エタノール（エチルアルコール）は、石油や天然ガスから合成することもできるが、現在、自動車ガソリン代替として生産が急増しているエタノールは、昔ながらの醸造アルコールと同様に各種バイオマスを発酵、蒸留して製造される。基本的な製造プロセスは焼酎など蒸留酒に近い。

原料には糖質やでんぷん質を多く含む植物が効率的とされ、燃料用エタノールでは現在世界トップの米国ではトウモロコシ、2位のブラジルではサトウキビが主に利用されている。原料穀物としてサトウキビは糖化するプロセスが必要ないことから、生産コスト、エネルギー効率ともトウモロコシよりも優れている。

このほか、バイオディーゼルが有力な欧州ではエタノール原料は主に甜菜《てん》（サトウダイコン、ビート）が利用される。また、ジャガイモや麦も原料となるほか、日本ではコメを原料としたエタノールの試験生産、販売が始まっている。さらに、米国などで自生する多年草のスイッチグラス、トウモロコシの茎類、稲わら、ウッドチップなどさまざまな植物資源を原料とするセルロース（植物繊維）系エタノールの実用化に大きな期待が集まっている。

現在、米国で稼働しているトウモロコシを原料とするエタノール工場には製造方法の違いにより大きく2種類がある。一つがウェットミリング（wet milling）と呼ばれる製造方法の工場で、トウモロコシの穀粒（corn kernel）を水と亜硫酸に1日か2日浸した後、このトウモロコシ溶液を胚芽、グルテン、でんぷん（スターチ）などに分離。このスターチを糖化・発酵させてエタノールを作る。この製法では胚芽からコーン油が作れるほか、グルテンミールなど多様な副産物もできる。「これはアーチャー・ダニエルズ・ミッドランド（ADM）などの伝統的スターチ大手の工場で見られるが、建設コストが高いことから、最近はその比率は07年時点で18％まで減少している」（業界筋）という。

一方、残り約82％を占めるのが、ドライミリング（dry milling）と呼ばれる製法で、トウモロコシの穀粒をそのまま製粉し、これに水を混ぜた「マッシュ」に酵素を加えて糖化した後、40～50時間発

図表1-1　ドライミリングの製造工程

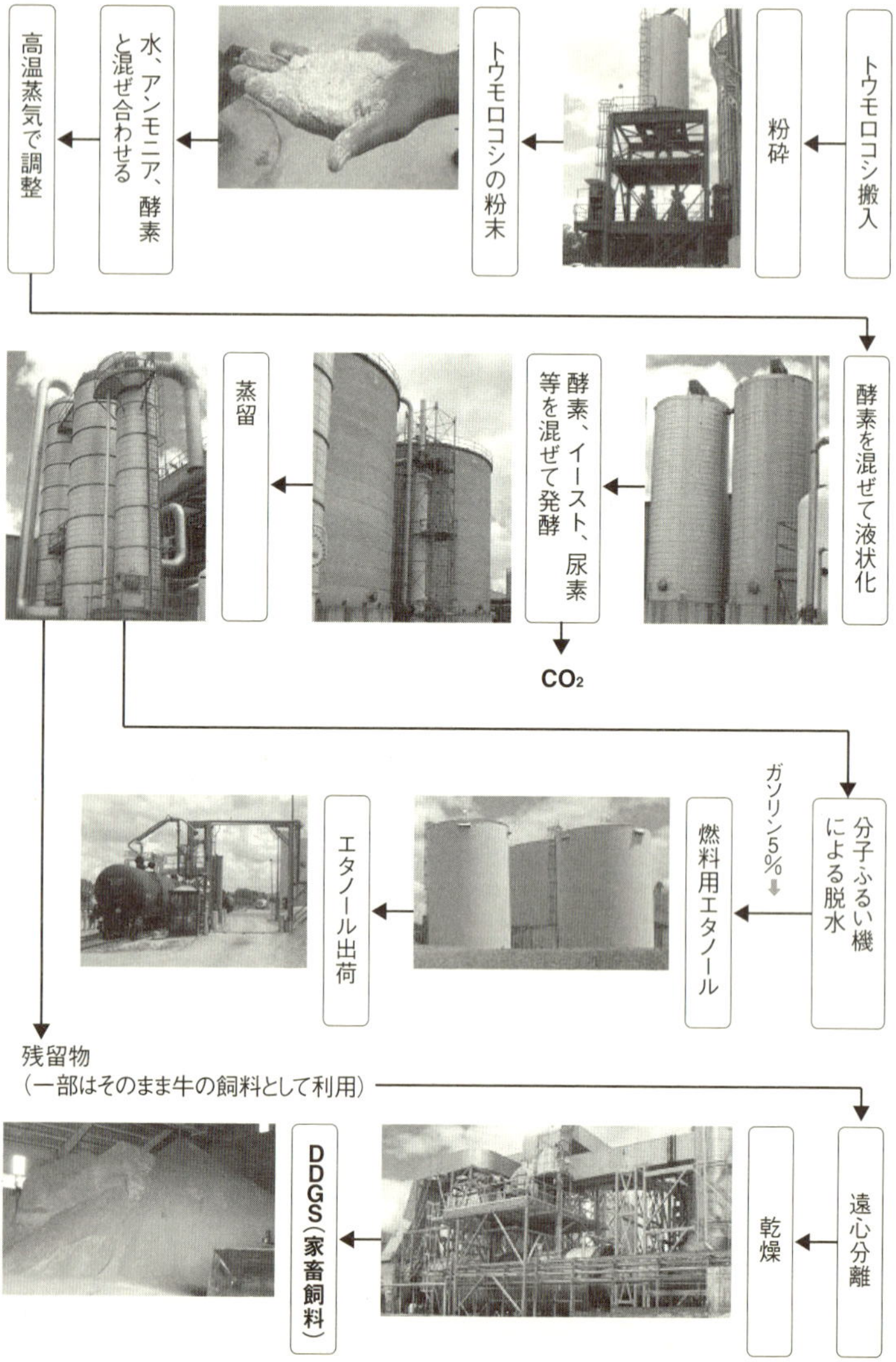

出典 アドキンズ・エナジー社の資料等から作成

酵させたものを、最後、蒸留して無水エタノールを作る。この無水エタノールを間違って飲んでしまうことを防ぐため、また、アルコール税の対象にならないようにするためにガソリンを5％加えた後に、自動車燃料用として出荷される。

一方、蒸留後に残ったものは遠心分離され、乾燥され、高品質で栄養素の高い家畜飼料、乾燥ディスティラーズ・グレイン（Dried Distillers Grains with Solubles = ＤＤＧＳ）として利用される。

◆ブーム前史

バイオ燃料は世界中で過去数年の間に、にわかにブームになった印象もあるが、実は意外に長い歴史がある。例えば米国と並ぶエタノール先進国であり、サトウキビの大産地ブラジルでは、１９３１年に早くもガソリンへの5％エタノール混合が義務化され、79年には１００％エタノール車が登場している。80年代は石油価格の安定や砂糖の国際価格高騰からいったん縮小、低迷期となるが、２００5年から新たなフレックス燃料車（ＦＦＶ）が増加に転じる。ブラジルは05年に米国に抜かれるまでは世界最大のエタノールの生産国だった。

そもそも自動車燃料も最初から石油製品だったわけではない。米エネルギー省のウェブサイトによると、１８２6年に米国人の発明家サミュエル・モーレイ氏がエタノールとテレピン油で動くエンジンを開発したのが、エタノール利用の最初として記録されている。

さらに１８６０年には「オットーサイクル」で知られ、初の近代的内燃機関を発明したドイツ人、ニコラス・オットー氏が当時開発中のエンジンの燃料としてエタノールを使用した。ちなみに1892年にドイツ人ルドルフ・ディーゼルがディーゼルエンジンを発明した当時は、「ピーナツ油」をバイオディーゼルとして燃料にしたという。

そして、いよいよ米国でモータリゼーションが幕を開ける。ヘンリー・フォードは1896年に最初の自動車を造ったとき、エタノールを使った。その後、1906年から生産が始まった歴史的モデル「T型フォード」は、エタノールでも、ガソリンでも、その混合でも走行可能なFFVだった。

しかし、1860年ごろから米国のペンシルベニア州やテキサス州などで石油採掘が始まって以後、安価なガソリンなどの石油製品が潤沢に供給されるようになると、自動車燃料ではガソリンが主流となっていく。それでも、第1次世界大戦、第2次世界大戦のころまでは、エタノールはガソリンのオクタン価を上げるための添加剤としての利用やその他の需要から生産は増加傾向にあったようだ。特に中西部では「ガソホール(gasohol)」と呼ばれガソリンに6〜12%程度混合されるようになっていたという。

そして、第2次世界大戦後に中東で大規模油田が次々に発見され、石油製品価格が下落するにつれて、エタノール需要は減少し、「1940年代後半から70年代後半まで米国内でのエタノールの商業生産はほとんどなくなった」(米エネルギー省)という。ADMのウォーッ最高経営責任者(CEO)のコメントにもあるように「中東で石油が発見され、バイオ燃料は競争に負けた」ということだ。

その後、70年代に入ってから、米国内でエタノールをめぐる連邦政府の政策に新たな動きが出始める。それは、73年に勃発した第4次中東戦争に伴うアラブ諸国の石油禁輸措置という第1次オイルショック、そして78年の第2次オイルショックがきっかけとなった。

73年には、米環境保護局（EPA）は公害対策として、エンジンのノッキングの起こりにくさを示す指標であるオクタン価を向上させるためガソリンに混合していた鉛の水準を削減していく規制を導入。鉛の代わりの添加剤としてエタノールが再び注目を集めるようになる。

そして、78年、エネルギー税法で、ガソホールについて、化石燃料から合成するものを除くアルコール（エタノール）を10%混合したガソリン「E10」と定義付けた。この結果、ガソリンに混合されるエタノールはすべてがバイオ資源由来のものとされるようになった。

その上で、当時、1ガロン当たり4セントだった連邦ガソリン税がE10に関して実質免除されることになった。これは、エタノールをガソリンに混合するブレンダーに対して、ガソリンにエタノールを1ガロン混合するごとに40セントの税金を控除する形を取った。つまり、E10では1ガロン当たり4セントのガソリン税負担がなくなる補助金制度だった。この制度は、その後も税金控除額や制度の枠組みの見直しが何度か行われたものの、現在にいたるまで、連邦政府によるエタノール優遇策の柱となっている。

ジミー・カーター第39代大統領は、80年1月11日の演説で、「われわれの包括的ガソホール計画は、エネルギーの将来をより確実なものにする投資を促進するものだ」と訴えた。同時に「農家にも新たな市場を創出することになる」とも述べ、エタノール振興策が農業支援策でもあることをこのとき、既に明確にしていた。

◆MTBE禁止が起爆剤に

1980年には初めてのエタノール生産高の調査が実施され、年間生産量が約5000万ガロンであることが明らかになった。84年ごろまでに、小規模エタノール生産者に対する金融支援、エタノール輸入関税などの支援策が相次いで導入され、エタノール1ガロン当たり40セントだった補助金も60セントまで引き上げられた。この結果、エタノール工場数は84年までにいったん163に達した。しかし、エネルギー省によると、工場の稼働停止も相次ぎ、85年末には163工場中、操業していたのは74工場にすぎなかったという。このときの年間生産量は5億9500万ガロンだ。

そして、90年の大気浄化法（Clean Air Act）改正がエタノールを取り巻く環境を一変させることになる。自動車の排ガスが大気汚染の大きな原因の一つとの認識が高まる中で、都市部の大気汚染物質の排出抑制のため、自動車燃料の新基準を策定。特に冬季に一酸化炭素汚染の多い地域などではエタノールなどの含酸素添加剤（oxygenate）の混合（改質ガソリン＝RFG）が義務付けられることになった。

88年ごろからは、エタノールも排ガス中の一酸化炭素排出量削減のためにガソリンに添加される含酸素剤として使われ始めていた。ただ、当時の含酸素添加剤は、天然ガスと石油から作られるメチル・ターシャリー・ブチル・エーテル（MTBE）が有力で、あと、エタノールと石油から作られ、日本で２００７年から採用され始めたエチル・ターシャリー・ブチル・エーテル（ＥＴＢＥ）もあった。

そして、エタノールがブレークする引き金となったのが、ＭＴＢＥの禁止措置だ。１９９０年代末ごろからガソリンの貯蔵タンクから漏れ出したと思われるＭＴＢＥによる地下水汚染と、健康への悪影響懸念が社会問題化してくる。一部の州がＭＴＢＥの禁止措置を導入、ＥＰＡは２０００年にＭＴＢＥを全米レベルで使用を禁じていくよう勧告した。

03年10月末までに18州がＭＴＢＥの使用を禁止。04年には、ついにカリフォルニア州が禁止措置を実施したことで、ガソリンの添加剤はＭＴＢＥからエタノールに一気にシフトしていく。

06年夏以後、米国の主要石油会社は相次いで、ＭＴＢＥの国内使用を禁止し、添加剤は事実上ほぼすべてエタノールに置き換わった。ガソリン添加剤をめぐる、石油業界と、エタノールおよび農業関係業界のバトルは後者が勝利する形となった。

このように環境対策としても脚光を浴び始めたエタノールなどバイオ燃料を取り巻く環境は原油価格の高騰でさらに急変していく。05年に原油価格が１バレル＝50ドルを上回って以後、右肩上がりの上昇トレンドが始まる中で、従来、ガソリンよりも大幅に高かったトウモロコシ原料のエタノールの価格がガソリン以下の水準になり、コスト面でも優位性が出てきた。その結果、エタノールは単なるＭＴＢＥの代替というマイナー存在から、ガソリンそのものの代替にもなるとの認識が広がり、一気にブームが広がった。

ちなみに、ガソリンに混合するエタノールに対する税金控除制度の税額はピーク時の1ガロン当たり60セントから05年の51セントまで徐々に引き下げられていく。この制度は04年10月に成立した雇用創出法に盛り込まれた「VEETC」と呼ばれるガソリン消費税控除制度に引き継がれ、1ガロン当たり45セント（08年農業法で51セントから引き下げ）で現在も存続している。

また、米自動車大手は、1997年に「E85」と呼ばれる、ガソリンにエタノールを85％混合した燃料、あるいはガソリンでも走行できるFFVの大量生産を開始。自動車業界からもエタノール燃料車への期待が高まり始める。もっとも最初のころは、E85を販売するガソリンスタンドが極めて少なかったことから、大半は通常のガソリン車として走行していたようだ。

◆RFSがブームを加速

その後も、米連邦政府レベル、州政府レベルで新たなエタノール振興策が続々導入されていく。中でも、米国のバイオ燃料ブームを決定的に後押ししたのが、再生可能燃料基準（RFS）と呼ばれるエタノールなどの使用義務付け制度だ。

これはブッシュ政権の強力なイニシアチブの下、2005年8月に成立した「エネルギー政策法」で初めて導入された。そして、07年12月の「エネルギー自立・安全保障法」で一段と強化され、結果的にバイオ燃料ブームを過度にあおる形となった。

05年に初めて導入されたRFSは06年から12年までの7年間にわたり、セルロース系も含めたエタノールやバイオディーゼルなどのバイオ燃料の年間販売目標量を設定した上で、製油会社、ブレンダー（ガソリンへのエタノール混合業者）、エタノール輸入業者に一定割合のバイオ燃料の使用・販売を義務付けるというものだ。実際には、クレジット取引という業者が柔軟な対応が取れる措置も導入した。

そして具体的な年間販売目標量は初年度の06年が40億ガロン、07年が47億ガロンと、10年までは毎年7億ガロン増加させ、目標年の12年には75億ガロンにするとした。

当初はかなり野心的な目標と思われたが、実は05年時点で、国内エタノール生産量が40億ガロン弱に達したことが判明。06年、07年と目標数値を早くも上回ってしまうほどの生産急増ペースが明らかになるにつれて、このＲＦＳの数値基準の見直しも急務となった。

外国産原油への依存度低下を目指すブッシュ大統領は、自動車ガソリンの代替となるエタノールなどのバイオ燃料の生産拡大にさらに強くアクセルを踏んだ。07年1月23日の一般教書演説では、17年までの10年間に国内ガソリン消費の20%を削減する（「20 in 10」イニシアチブ）というより野心的な方針を打ち出す。その対策として、自動車燃費規制の強化とともに、エタノールを含むガソリン「代替燃料」の普及目標を17年までに３５０億ガロン（１３２５億リットル）に引き上げる目標を掲げた。これは、12年までに75億ガロンというそれまでのＲＦＳ目標の5倍弱、さらに、06年のエタノール生産量50億ガロンの7倍の水準だ。

こうした大号令を受けて、後述するようにエタノール工場の建設ラッシュは続き、生産急増のひず

図表1-2　再生可能燃料基準（RFS2）

（億ガロン）

年	総義務量	トウモロコシ由来のエタノール	合計	次世代バイオ燃料	
				セルロース系エタノール	バイオディーゼル
2008	90.0	90.0	0.0	0.0	0.0
2009	111.0	105.0	6.0	0.0	5.0
2010	129.5	120.0	9.5	1.0	6.5
2011	139.5	126.0	13.5	2.5	8.0
2012	152.0	132.0	20.0	5.0	10.0
2013	165.5	138.0	27.5	10.0	–
2014	181.5	144.0	37.5	17.5	–
2015	205.0	150.0	55.0	30.0	–
2016	222.5	150.0	72.5	42.5	–
2017	240.0	150.0	90.0	55.0	–
2018	260.0	150.0	110.0	70.0	–
2019	280.0	150.0	130.0	85.0	–
2020	300.0	150.0	150.0	105.0	–
2021	330.0	150.0	180.0	135.0	–
2022	360.0	150.0	210.0	160.0	–

出典 EPAのウェブサイトなどから作成

みや副作用があちこちで出始める中でも、ＲＦＳの目標水準の引き上げが検討されるようになった。

07年12月19日、飼料原料のエタノール価格の高騰に苦しむ畜産業界などの反対にもかかわらず、ＲＦＳの基準引き上げを盛り込んだ「エネルギー自立・安全保障法」にブッシュ大統領が署名し、成立した。

この新法では、ＲＦＳで定めるバイオ燃料の使用義務量について、従来の12年までに75億ガロンという目標を、08年の90億ガロンから22年までに３６０億ガロンまで順次、引き上げるというように大幅に強化された。最終目標の３６０億ガロン中、トウモロコシ原料のエタノールは１５０億ガロンで、その他２１０億ガロンは次世代のバイオ燃料で賄うとし、うち１６０億ガロンはセルロース系エタノールを利用すべきとしている。

後に「ＲＦＳ２」と名付けられたこの新基準で注目されたのは、適用免除規定で、これは、その後、エタノール生産拡大策に反対する自治体などの根拠となった。この規定では、RFSにより、経済や環境に深刻な影響が出る、あるいは基準を満たすために原料穀物の供給に支障をきたすとEPAが判断した場合には、対象となる州の製油会社やブレンダーなどへの基準適用が免除されることになった。

◆ブームの実像、RFAデータから

ここで米国のエタノールブームの実態を改めてデータで紹介しておこう。

業界団体、再生可能燃料協会（RFA）が集計を始めた1980年からの生産量の推移は図表1－3の通りだ。80年の1億7500万ガロンから95年の14億ガロンまで着実に増加。翌96年は原料トウモロコシ価格の高騰でいったん減少するものの、その後再び増加トレンドに戻り、2001年には17億7000万ガロンと、1980年からは約20年で10倍になった。その後は、増加ペースは急加速し、2009年には107億5000万ガロンに達した。

この間のエタノール工場の建設ラッシュも驚くほどだ。09年1月時点の工場数は全米26州で170だ（年間生産能力は105億6940万ガロン）。1999年には17州50工場だったことから、10年で3・4倍になった。毎年1月時点での建設または拡張中の工場数は、2006年1月時点が31で、07年1月に76とピークを迎え、08年は61、09年は24まで減少する。08年までの3年間がブームのピークだったことがうかがえる。

このほか、RFAのウェブサイトによると、エタノールの輸入は06年に前年比4・8倍に急増して

図表1-3　エタノール生産量の推移

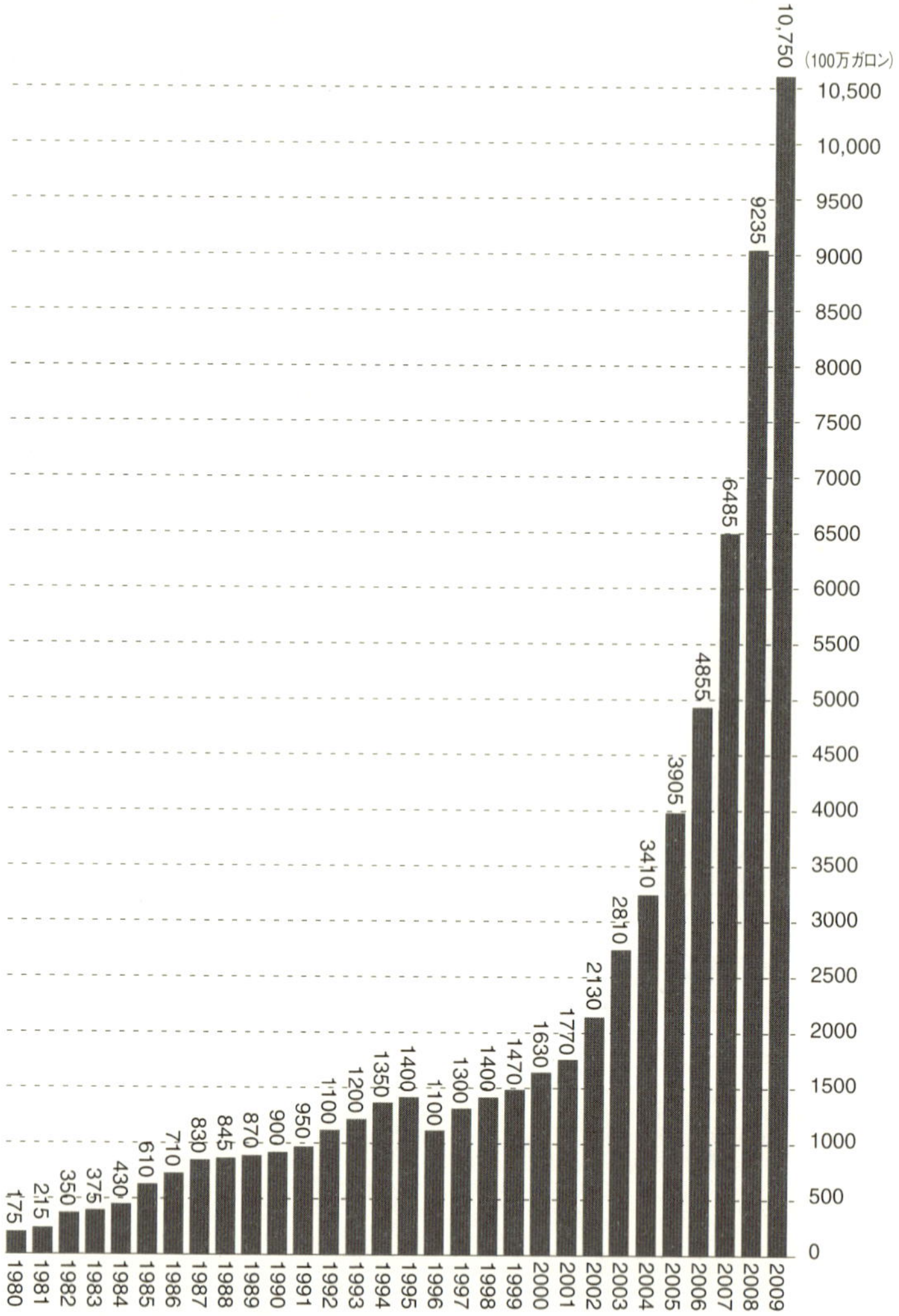

出典 再生可能燃料協会（RFA）のデータより

6億5330万ガロンとなった後は、07年が4億5000万ガロン、08年が約6億ガロンと落ち着きつつある。輸入国はブラジルがやはりトップで、ジャマイカ、エルサルバドル、コスタリカなどと続くが、これらの多くはブラジル産が迂回して輸入されたものとされている。

10年1月19日時点の最新のエタノール生産能力をRFAのウェブサイトで確認しておこう。全生産能力が200工場で130億2840万ガロン、稼働中が183工場で、118億7740万ガロンと、09年1月時点よりさらに増加していることがわかる。さらに、建設中が11工場で、拡張中を含めた増強中の能力は14億3200万ガロンだ。

これらの工場の新増設工事が完了すれば、全生産能力は144億6040万ガロンとなる計算だ。07年のRFS2における、トウモロコシ原料のエタノール生産量の目標値が15年に150億ガロンに達した後、22年まで横ばいが続くと想定していることと比較すると、生産能力自体が既に長期目標水準に接近してしまったことを示している。

エタノール会社別の年間生産能力ランキングでは、①ポエットが25工場、15億3700万ガロン②ADMが7工場、10億7000万ガロン③バレロ・リニューアブル・フュエルが9工場、10億ガロン④グリーン・プレーンズ・リニューアブル・エナジーが6工場、4億8000万ガロン⑤ホークアイ・リニューアブルズが4工場、4億2000万ガロン――などと続く。米石油精製大手のバレロは、ベラサン・エナジーの経営破たんに伴い、同社の工場の多くを買収した。

かつては断トツの最大手だった老舗のADMは現在の設備の大規模増強計画が完了すると16億20

00万ガロンとなり、ポエットの増強計画完了後の15億4200万ガロンを抜いて、トップに返り咲くことになる。ちなみに世界の大手穀物メジャーとして、ADMのライバルであるカーギルは、バイオ燃料ビジネスには終始冷ややかで、現時点で、2工場、1億2000万ガロンの生産能力しか持っていない。

◆副産物DDGSの貢献

2007年10月22日、シカゴ郊外のシャンバーグで「国際ディスティラーズ・グレインズ会議」が開催された。これは、エタノールの生産工程で副産物として作られるDDGSと呼ばれる畜産飼料の専門業界の年次会合だ。

この会議には、日本の飼料業界からも多数の参加があった。エタノール生産の急拡大に伴って、生産が急増しているDDGSに対する関心は日本などでも高まっており、DDGSの飼料としての価値はトウモロコシそのものと比較してどうか、米国はどこまで輸出余力があるのかなどに参加者は注目した。この会議では、米国でも最も有名で、その需給予測は穀物相場の大きな材料ともなる民間の有力穀物調査会社インフォーマ・エコノミクスのスコット・リッチマン上級副社長も講演した。

同氏は06年ごろから輸出需要が急増し始めていたDDGSについて、「エタノールの増産と歩調を合わせて拡大する見込み」とし、06～07年度の1568万トンから、07～08年度は2209万トン、08～09年度には3217万トンまで増えるとの予測を明らかにした。

同氏によると、DDGSの輸出は、04～05年度は100万トン超だったが、05～06年度が140万トン、06～07年度はこれまでに180万トン超と急ピッチで増加している。国・地域別では欧州連合（EU）が急減する一方で、メキシコやカナダ、日本を含むアジア各国向けが着実に増えているという。主要飼料穀物であるトウモロコシ価格の高騰は、結果としてその副産物であるとともに、代替となるDDGSに対する需要も確実に高めた。

DDGSは、米国のエタノール工場の約8割を占めるドライミリング方式の工場で副産物として生産される。同方式の工場ではトウモロコシ1ブッシェル当たり、2・8ガロンのエタノールと17ポンドのDDGSが生産されるという。エタノール工場に搬入されるトウモロコシの数量の3分の1相当がDDGSとして再出荷される計算だという。

DDGSはたんぱく質も豊富で、トウモロコシや大豆ミールの代替飼料となる。ただ、業界筋によると、「繊維質が多いことから、飼料向けでも牛ならば問題がないが、豚や鶏向けには課題が残る」とされ、肉用牛、酪農牛という牛用が8割以上を占めているようだ。

RFAによると、09年のDDGSの生産量は3050万トンと前年（2300万トン）比33％増と、拡大ペースは衰えていない（図表1-4）。大半は米国内の畜産農家に出荷されるが、輸出も急増中だ。DDGSの09年の輸出量は564万トンと、前年比24％増加した。これは、5年前の輸出量の5倍以上の水準という。

結局、DDGSの輸出量は、09年で見て、需要量の18％を占めた形だ。09年の輸出量は飼料価値と

図表1-4　エタノール副産物の生産量の推移

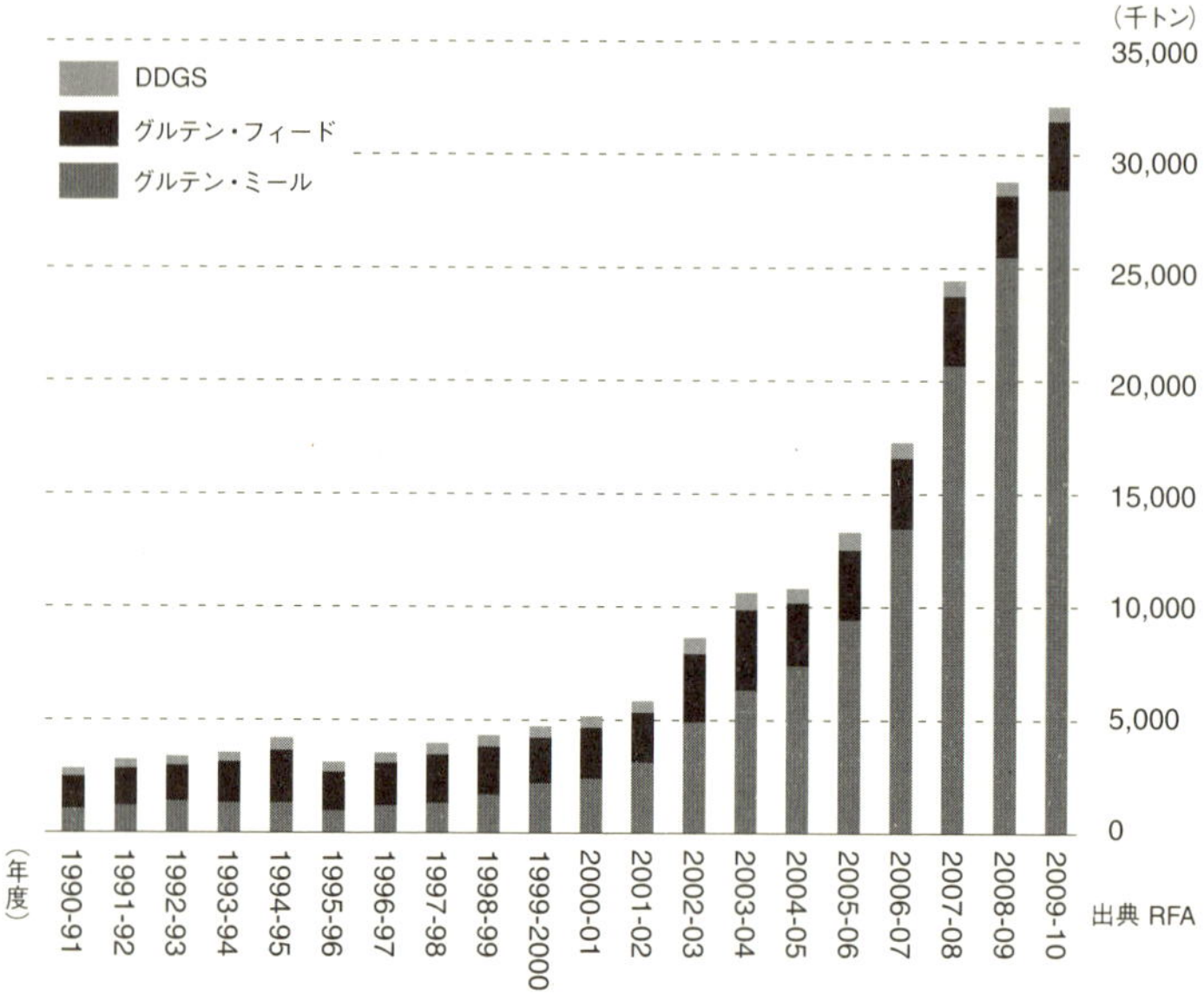

出典 RFA

してはＤ５４０万トン（２億１２００万ブッシェル）のトウモロコシと１６０万トンの大豆ミールと同等という。

ＲＦＡは、ＤＤＧＳの供給増加は世界中の家畜や養鶏農家に対し、トウモロコシや大豆ミール需要の一部を代替できる飼料原料を提供していると強調。「食料と燃料の対立という俗説や、米国のエタノール増産が世界的な土地利用の変化をもたらしているという疑わしい指摘を一掃するのに重要な役割を果たす」と訴えている。

◆バイオディーゼルも大ブレーク

「１９９９年のエタノール市場のような状況」（米穀物調査会社アグリソースのダン・バッセ社長）で２００５年に、大ブレークしたのがバイオディーゼルだ。業界団体、米バイオディーゼル・ボード（NBB）によると、05年の生産量は7500万ガロンと前年比で3倍増になった。ADMやカーギルといった穀物メジャーがエタノールに続き、本格参入してきており、この時点で、稼働工場数45に対し、54工場の建設計画があった。

バイオディーゼルの市場自体はエタノールに比べ、さらにニッチでしかないものの、その分、伸び率は大きい。バイオディーゼルブームの特徴は、カントリー歌手の大御所、ウィリー・ネルソンさんが自らバイオディーゼル会社を設立し、普及活動の先頭に立っていることに象徴されるように、環境保護意識の高いミュージシャンや俳優、一般市民の草の根的な活動にも支えられていることだ。

バイオディーゼルも07年になると草の根的な取り組みレベルから脱皮しようとする動きが一段と高まり、過去最大規模のバイオディーゼル工場が相次いで操業を開始した。

例えば、新興の米バイオ燃料ベンチャー企業（ワシントン州シアトル）インペリアム・リニューアブルズは07年8月中旬に、同州グレイハーバーに建設中だった年間生産能力が1億ガロンと、米最大のバイオディーゼル工場の操業を開始した。

さらに、欧州系穀物メジャーのルイ・ドレイファス傘下のルイ・ドレイファス・コーポレーションが米インディアナ州クレイプールに建設していた大豆圧砕およびバイオディーゼル生産の新工場が同年8月に完成した。

NBBによると、09年6月22日時点での、米国内のバイオディーゼルの稼働工場数は173で、年間生産能力の合計は26億9000万ガロンだ。このほか、現在、29工場が建設中で、これらが完成した場合、年間生産能力は4億2780万ガロン増強される見込みだ。

図表1-5　バイオディーゼル生産量

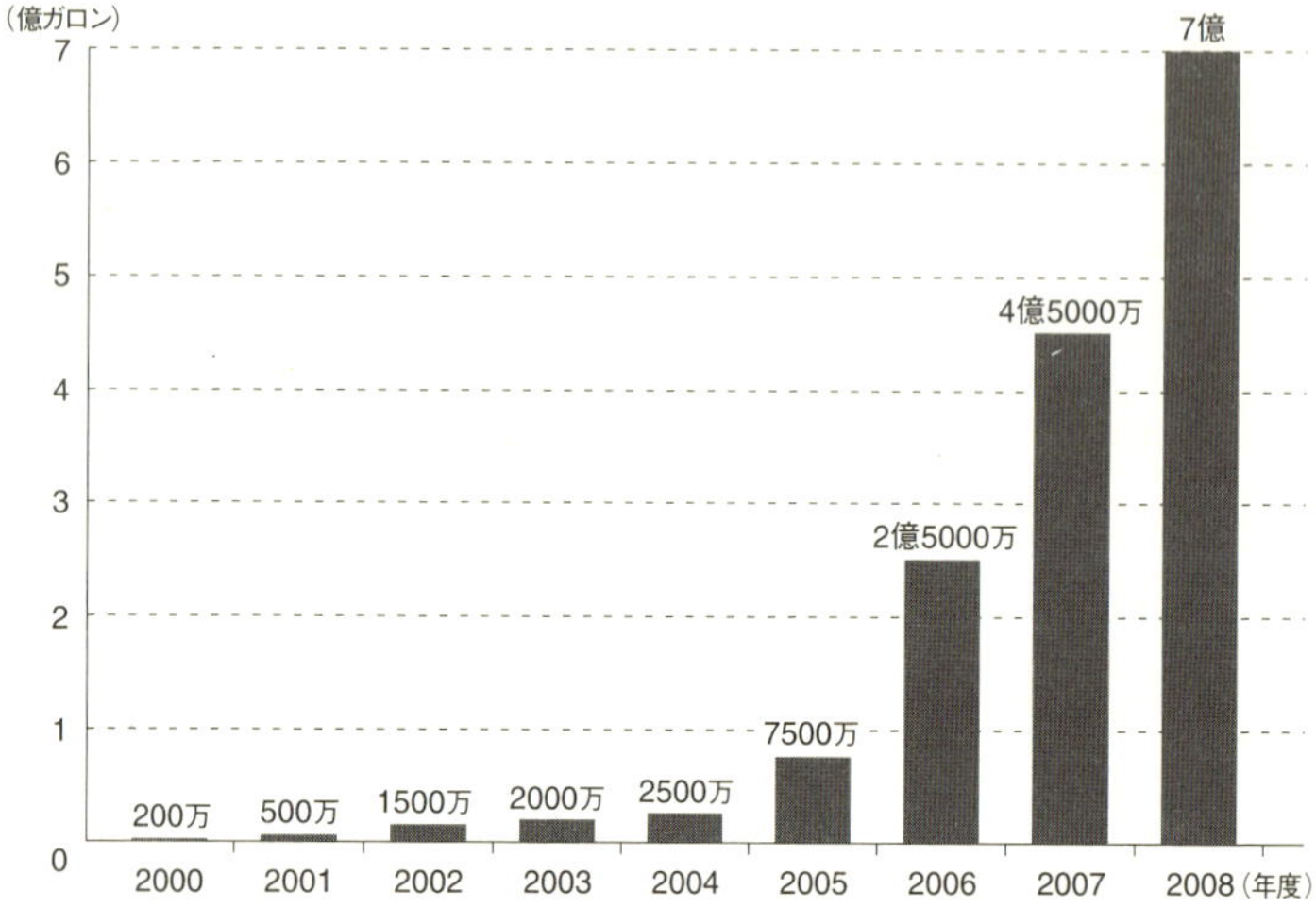

実際の年間生産量の推移は図表1－5のように、04年度（03年10月1日～04年9月30日）はわずかに2500万ガロンにすぎなかったが、05年度に7500万ガロンに急増、その後も、06年度が2億5000万ガロン、07年度が4億5000万ガロンと倍増ペースできて、08年度は7億ガロンに達した。

しかし、これを年間生産能力と単純比較すると、例えば、08年度の稼働率はわずか26％弱となる。NBBも各工場の年間生産能力のデータについて「これは各工場で実際に生産されている量を示すものではない。現在の経済環境下、多くの生産設備で稼働率は極めて低い水準になっている」と苦渋のコメントをしている。後述するようなバイオ燃料バブルはエタノールよりも、バイオディーゼルでより顕著に表れており、明らかに過剰な工場建設ラッシュに業界は苦しみ続けている。09年には生産量も減少に転じた。

◆バイオ燃料は「一石四鳥」

エタノールなどのバイオ燃料振興策は当初から農家、農業支援という意味合いが強く、米農務省が中心的に取り組んできた。一方、ガソリン添加剤MTBEなどをめぐる攻防に見られたように、自動車燃料の供給元としては、エタノール業界とライバル関係にもあった石油関連業界を監督する米エネルギー省は、当初は微妙な立場にもあったと想像できる。

しかし、2003年のイラク戦争開始、RFSを初めて導入した05年エネルギー政策法成立以後、エネルギー省も農務省とほぼ足並みをそろえて、バイオ燃料の積極的支援姿勢を明確にしていく。これは、06年10月、初の両省共催の「再生可能エネルギー会議」の開催としても結実する。

米エネルギー省傘下のエネルギー情報局（EIA）は、09年3月に正式版を発表した毎年恒例の長期予測「年次エネルギー見通し（AEO2009）」で、今後20年間の同国の石油需要の伸びは、わずか日量100万バレル（0・2%）にとどまるとの見方を明らかにした。EIAが、長期的な石油需要がほぼ横ばいになるとの見通しを示したのは、過去20年で初めてという。07年12月に成立した「エネルギー自立・安全保障法」での、自動車の企業平均燃費基準（CAFE）の引き上げや自動車のバイオ燃料の利用増がその背景だ。

EIAはこの中で、エタノールやバイオディーゼルなどバイオ燃料の需要は30年まで毎年3・3%増加するとの予測を示した。全エネルギーの需要が同0・5%増にすぎないのに比較して堅調な伸びを予想している。

具体的な30年時点の年間需要量予測は、エタノール10％混合ガソリン「E10」向けエタノール需要が122億ガロンとなる一方、「E85」向けエタノールは173億ガロンまで急増し、「E10」向けを上回るという。特にE10が全米で完全に普及し、市場が飽和状態となる15年以後にE85の増加ペースは加速。また、セルロース系エタノールの供給量は輸入も含め126億ガロンになる見通しとする。このほか、バイオディーゼル需要量は次世代も含め70億ガロンと予想している。

ただそれでも、バイオ燃料合計の年間需要見通しは、07年に導入されたRFS2の目標年である22年時点では約273億ガロンにとどまり、同年の使用義務付け目標数値360億ガロンを大幅に下回る水準だ。

結局、06年をピークとする米国でのバイオ燃料ブームは、①外国産原油への依存度低下②米国の主要穀物であるトウモロコシ、大豆の新たな需要先拡大による農家支援③環境対策にも力を入れているというイメージ向上④不振にあえぐ米自動車産業への間接的支援——など米政府の重要課題に対し実に多くのメリットがあることが大きな誘因になった。

つまり、米国にとってバイオ燃料は、「一石二鳥」どころか「三鳥」とも「四鳥」ともなり、少なくとも当時は米国の国益と完全に一致すると思われた。しかし、米政府による過度のテコ入れ策のツケはすぐにきて、逆風を呼び込み、業界を翻弄していくことになる。

第2章

農業革命、そして逆風

第2章では、ブームがピークを迎えつつあった2007～08年の米国エタノール業界の激動ぶりを描写する。原料トウモロコシ価格が原油価格と連動し始めたことで、米国で農業革命が起こったとの見方が浮上した。エタノール生産の急増は、遺伝子組み換え（GM）作物の普及というもう一つの革命も前提となっていた。ただ、エタノールブームの背景には金融市場のバブル、政府の過度のテコ入れ策もあった。その影響はすぐに表れ、業界の収益環境は悪化、食料価格高騰の原因という批判も高まるなど逆風が吹き荒れた。

2007年1月12日朝、恒例の米農務省需給報告が発表された直後、シカゴ商品取引所（CBOT）のトウモロコシ先物相場は取引開始から軒並み、1ブッシェル（約25・4キログラム）当たり20セント高と値幅制限の上限に張りつく急騰となった。その後、16日には、取引の中心となる3月物が上値の目安だった同4ドルを上回り、約10年ぶりに高値を更新した。

このときの需給報告では、前年秋に収穫されたトウモロコシの収穫面積予想が下方修正された上に、イールド（1エーカー当たり収量）予想も下方改定、生産高予想は前月予想から2億1000万ブッシェルも引き下げられた。これらの結果、総需要に対する在庫の比率を示す期末在庫率は約6・4%と、不作により相場が史上最高値（1ブッシェル当たり5・54ドル）をつけた1995～96年度の5・0%以来の低水準に落ち込む見通しとなった。

需給のひっ迫度合いを示すこの期末在庫率は通常、10～20%程度が平均でこれ以前の過去30年を見ても、1ケタ台に落ち込んだのは95～96年度を含め3回しかない。こうした歴史的なひっ迫をもたらした主な原因がエタノール向け需要の急拡大だった。

トウモロコシの全生産高に占めるエタノール向け需要は2000年産では約6%だったが、この06年産では約20%を占めるまでになり、エタノールブームはトウモロコシ市場に劇的な構造変革をもたらした。

そして、ブッシュ大統領は07年1月23日の一般教書演説で、10年間で国内ガソリン消費の20%を削減するために、エタノールなどガソリン代替燃料の供給量を17年までに350億ガロンに引き上げるとの野心的目標を公表した。

米国の自動車ガソリンの年間消費量は1400億〜1500億ガロンとされ、これは今後横ばいになると予測されており、仮にエタノールが次世代を含め350億ガロンまで増えた場合には単純平均で、混入比率は20％以上になる。

そして、米農務省は同年2月14日に発表した毎年恒例の「長期予測」で、エタノール向けトウモロコシ需要量について06〜07年度の32億ブッシェルから、16〜17年度には43億5000万ブッシェルに増えると予想した。これは、トウモロコシの全米需要量の30％以上がエタノール向けになる計算だ。

しかし、これをエタノールの数量単位のガロンに換算すると120億ガロンと、ブッシュ政権が直前に表明したエタノール（セルロース＝植物繊維＝系含む）など代替燃料の利用目標（17年時点）の350億ガロンに比べ大幅に低い水準だ。その後、再生可能燃料基準（RFS）改定でトウモロコシ原料のエタノールの使用義務付け量は150億ガロンと内訳が明示されたが、それでも農務省の予測は控えめということになる。

しかし、この「控えめ」な長期予測ですら、トウモロコシ需給にとっては衝撃的な将来予想が含まれていた。それはトウモロコシの期末在庫率だ。05〜06年度の17・5％に対し、07〜08年度以後は16〜17年度まで4・5〜5・7％の範囲内にとどまると予想されたのだ。

このとき、ある日系大手商社の穀物トレーダーは「過去最低だった1995〜96年度の5％に近い期末在庫率予想は、常に豊作が続かないとどんな事態が起こるかわからないという薄氷を踏むような数字だ」と語った。まさに食料と燃料の穀物争奪戦の火ぶたが切って落とされた形だ。

米国農業の革命だ！

◆2007年の農産物展望会議

「エタノールに関するグーグルのニュース検索件数が人気テレビ番組の検索件数を上回った」——こんな表現で、当時のエタノールブームを紹介したのは、米穀物・エネルギー会社CHS（旧社名セネックス・ハーベスト・ステーツ）のジョン・ジョンソン社長兼最高経営責任者（CEO）だ。2007年3月上旬、米国の首都ワシントン郊外のバージニア州アーリントンで開催された、恒例の「農産物展望会議」でのことだ。

米農務省主催のこの会議は本来、その年の主要農産物の生産高などの需給予測を発表するとともに、伝統的な農業政策について話し合う場だ。ここで発表される、米国の主要穀物の作付面積見通しは、作付け作業開始前の公式予想として穀物相場に大きな影響を与える。

この年の会議では初めて「エネルギー分科会」も設置され、穀物が果たして期待通りにガソリン代替燃料の原料としての役割を果たせるかなど、エタノールなどのバイオ燃料に関する白熱した議論が展開された。特に注目を集めたのはジョハンズ長官（当時）の基調講演後行われたパネルディスカッションだ。CHSのジョンソンCEOに加え、カーギル、アーチャー・ダニエルズ・ミッドランド（ADM）という穀物メジャーのトップ、そして米石油協会（API）のカバニー会長兼CEOも登場する豪華な顔ぶれとなった。

CHSは二つの農業生産者団体が1998年に合併して創設され、穀物、食品だけでなく石油精製も手がける複合企業だ。

ジョンソン氏はこのパネルディスカッションで、CHSの前身の会社が70年代に、当時「ガソホール」と呼ばれていたバイオ燃料事業に参入していたことを紹介。バイオ燃料ブームに「業界は決して浮かれてはおらず、多くの問題を認識し、非常に現実的になっている」とした。

その上で、当時のブッシュ大統領がこの年の一般教書演説で示した、2017年までに代替燃料の生産量を350億ガロンまでに増強するとの遠大な目標について、「その内容と日程の両方に極めて驚いた」と率直に語った。さらに、「過度に野心的な目標には慎重になるべきだ」と警告。業界での成功のカギは「再生可能燃料と化石燃料をバランスさせることだろう」との考えを示した。

一方、穀物商社世界最大手の米カーギル（非上場企業）のグレッグ・ページ社長（当時＝現会長兼CEO）は、まず自社について「バイオ燃料という要素を持った農業食品企業」と呼んでいるという表現で紹介。その上で、「人々を養うというビジョンを達成する方法として、農業・食品とバイオ燃料事業のバランスを取っている」と説明した。

同氏は政府のバイオ燃料利用促進策がもたらすゆがみを回避するためには、市場原理に任せることが重要だとし、政府による支援策に異議を唱えた。

「穀物を燃料に振り向ける量が増えれば増えるほど、干ばつが食品や飼料供給システムに与える影響が増大する。人為的な拡大策を放棄することでこうした圧迫要因を軽減できる」

バイオ燃料生産に対する補助金継続を訴える他の穀物メジャーとは明らかに一線を画す姿勢だ。

また、APIのカバニー会長兼CEOは、石油業界の代表としてまず、「エタノールは、米国のガソリン市場にほぼスムーズに大量に入っていたことにより、広範囲の消費者に受け入れられた」とエタノール業界の成功を評価した。

その一方で、誰にも正確な目安はわからないが、「そう遠くない将来、国内産トウモロコシを原料とするエタノールの生産量は頭打ちになってしまうだろう」と明言。特に、セルロース（植物繊維）系エタノールの大量生産が遅れることも大きな影響を与えるとした。

これらのように、このパネルディスカッションでは穀物業界、そして石油業界トップからのバイオ燃料ブーム過熱に対する警戒感や業界の成長の限界を指摘する発言も多かった。

これに対し、エタノール生産では老舗であり、トップ企業のADMのウォーツ会長はあくまで前向きだった。この日の討議では、今後も長期にわたり、農業に世界の関心が集まり続けるだろうことを示唆する二つの大きなトレンドがあるとし、一つが人口増などによる食料需要の増加であり、もう一つが「伝統的な原料だけでは、世界のエネルギー需要を十分にできなくなることだ」といった持論を改めて披露した。

その上で、バイオ燃料がいかに迅速にエネルギーの将来に貢献できるかが課題だと指摘。徐々にエタノールブームのひずみも目立ち始める中で、「エネルギーの将来を単一の原料に頼るのではなく、多様化が重要だ」と述べ、セルロース系エタノールなどの技術革新が不可欠だと訴えた。

◆石油と穀物の価格連動始まる

「エネルギー価格と農産物価格の連動が始まった。米国、世界の農業は現在、〝革命〟を経験している」米パーデュー大学（インディアナ州）のウォレス・タイナー教授（農業経済学）は2007年11月13日、シカゴで開催された「大豆・油実サミット2007」という米国大豆業界の会議のパネルディスカッションで原油や穀物など商品相場が一斉に高騰していることをこのように表現した。

同教授は「歴史的には石油価格と穀物などの商品価格の間に連動性はなかった」とし、商品市場全体で新たな地殻変動が起こっていると喝破した。

06年後半からいったん調整局面となっていた原油相場は、07年に入り、再びほぼ一本調子の上昇トレンドとなった。他方、06年後半の急騰後、07年に入り調整局面が続いていたトウモロコシ相場も07年後半になって再び急騰し始めた。

07年に入り、バイオ燃料の生産急増が原料穀物、そして食料の不足と価格の上昇につながり、世界の貧困層へ打撃を与えるとの批判が強まり始めていた。タイナー教授は、米国と欧州のバイオ燃料奨励政策が世界の貧困層に与えたリスクと被害の評価について、「極めて複雑だ。個人的には現時点でその答えは知り得ないと考えている。答えがわかっているという人は間違いだ」と断言した。

その理由について、世界の人口の70％は貧困層であり、これらの大半は開発途上国の農村地帯で生計を立てていると指摘した上で、「農産物価格が上昇すれば、70％を占める貧困層の農業収入は増える」といった恩恵も大きいためだと説明した。そして、こうしたメリットとデメリットを評価し、信頼できる結論を得るまでには時間がかかるとした。

タイナー教授はその後、08年7月に改めて、世界の食品価格上昇の原因は主要商品の需給動向、ドル安、バイオ燃料の拡大という主に三つの要因が複雑に絡み合った結果だが、特にトウモロコシでは大半の原因は原油価格の高騰だとする調査リポートを発表した。

「何が食品価格を押し上げているか」と題するこのリポートでは、「原油価格が1バレル＝40ドルから同120ドルまで上昇する間にトウモロコシ価格は1ブッシェル（約25・4キログラム）＝2ドルから同6ドルに上昇、ともに約3倍になった」と指摘。トウモロコシの値上がり幅4ドルのうちの「約1ドル分は（エタノール利用促進の）優遇税制が原因だが、3ドル分は原油価格の高騰に起因する」との分析結果を示した。

同教授のチームは、食品価格高騰に関する最近の25の研究報告を踏まえた上で、さまざまな要因を総合的に分析。その上で、「農産物需要が拡大する中で、生産性向上ペースは鈍化し、食料過剰の時代から不足の時代に移行した」「米ドル相場と商品価格の連動は予想以上に強い」「原油価格の食品価格への直接の影響はバイオ燃料需要を通じてもたらされた」ことなどがわかったと結論付けた。

ただ、米議会で問題視され始めていた投機資金の急増など商品市場の構造変化の影響については、「需給関係による影響ほどは明確ではない」との見解だった。

もう一つの農業革命――GM技術

◆化学から生物学へ

米国でのエタノールブームの勃発、そして世界的なバイオ燃料生産の急拡大は、穀物の新たな需要先の拡大、そしてガソリンやディーゼル燃料への混合の普及を通じたエネルギー価格と穀物価格の連動という農業の構造変革をもたらしたことは間違いない。そして、その前段には、遺伝子組み換え（GM）技術というもう一つの「農業革命」があった。

モンサントなど農業バイオ大手が過去十数年間推進してきたGM技術の開発は、主要穀物のイールド（単位当たり収量）を飛躍的に向上させ、従来の食品用、飼料用、食用油用だけでなく、燃料用という新たな需要を満たすだけの生産高の拡大につながった。

ここで、2005年6月下旬に行われた米穀物協会主催のメディアツアーの一環として訪問したモンサントの研究所の様子を、時事通信社のニューズレター「農林経済」（05年10月13日）に掲載された記事の一部に加筆修正して、紹介しよう。

　このツアーにはアフリカ、アジア、欧州、中東、中南米のジャーナリストなど30人弱が参加。最初に、ペンシルベニア州フィラデルフィアで行われた米バイオテクノロジー産業協会の年次総会「ＢＩＯ２００５」をカバーした後、モンサントの本社があるミズーリ州セントルイスに移動。産学連合のバイオ研究所「ダン・フォース植物科学センター（ＤＤＰＳＣ）」で植物バイオ技術に関する基礎的なレクチャーを受けた後、近くにあるモンサント最大の研究所を見学した。その後、アイオワ、サウスダコタ、イリノイの３グループに分かれた穀物農家取材ツアーとなり、筆者は第１章で紹介した通り、サウスダコタのツアーに参加した。

ダン・フォース植物科学センター

「農業バイオは食料不足、少ない耕作地、土壌流出、水不足など多くの課題がある中で、２０２５年に80億人に達する世界の人口を養うため、食料をいかに増産していくかという問題に対処するものだ」

　ＤＤＰＳＣで行われたレクチャーでは、モンサントの科学問題担当・国際リーダー（当時）、ジョン・パーセル氏は農業バイオの意義を改めて強調した。そして、世界中の農家にGM技術が受け入れられ、1996年の初の導入以来、毎年10％近い伸びを続け、約10年後の2005年についに10億エーカーに達したと自信を示した。

ちなみに、この「導入10年」「作付面積10億エーカー」という数字は当時、「BIO2005」参加者も含め業界関係者の間では、環境保護団体、消費者団体、各種メディアとのGM作物の是非をめぐる激しい論戦を経た上での一つの到達点として、感慨深く受け止められていた。

パーセル氏は、GM作物の地域的な拡大も急ピッチで進み、この時点で、米国だけでなく、オーストラリア、カナダ、中国など、17カ国、825万戸の農家でGM作物が栽培されるようになったと説明。特に、「バイオ作物を栽培している農家の4分の3が開発途上国の貧しい農家だ」と指摘、GM作物は途上国の食料増産、所得向上に大きく寄与していると訴えた。

この後、メディアツアーは、モンサント研究所を訪問した。ゲスト・リレーション担当（当時）のゲーリー・バートン氏は「研究所は1220部屋の温室施設を持ち、農業バイオでは世界最大だ。研究員は約460人でこのうち約4分の1が博士号を持っている」などと説明しながら、世界最大の農業バイオ企業の中枢施設の一部を案内してくれた。残念ながら、研究所内の写真撮影は禁止だった。

同氏によると農業バイオの誕生は、同社の研究者が初めてバイオ技術で新しい種子を作り出した1982年にさかのぼれるという。この研究所は、その直後の84年に開設され、まず室内での研究開発が進められ、87年になって初めて屋外での試験栽培が米政府から認められた。そしてその9年後に世界で初めてのGM種子の商業販売が「Bt綿花」と「ラウンドアップ・レディ大豆」で始まった。

同社の農業バイオ研究の最大の特徴は「chemistry（化学）からbiology（生物学）に完全にシフトしたこと」だという。

「私が入社した約30年前、研究者は皆、化学者だった。現在は、化学専攻は2人だけで、あとは全員、生物学関係で、昆虫学者、植物学者、分子生物学者などさまざまだ。特に79年以後、チーフサイエンティストは生物学者になった」と、バートン氏は同社の変貌ぶりを感慨深く語った。他の大手企業の農業関係の研究所は今でも化学者が多いという。

モンサントの遺伝子やGM種子の商業販売は96年の綿花、大豆から始まり、97年には「コーンボアラー」と呼ばれる穿孔虫の駆除効果のあるGMトウモロコシが市場投入される。さらに、2003年になって根を食う害虫「ルートワーム」を駆除する「イールドガード」が商品化される。その後すぐに、コーンボアラー、ルートワームの両方に効果のある「イールドガード・プラス」、そしてこの年から除草剤ラウンドアップへの耐性も加えた三つの遺伝形質を盛り込んだ「ラウンドアップ・レディ・イールドガード・プラス」が投入された。

◆トランス脂肪酸対策、そして干ばつ耐性

こうしたモンサントのGM事業の説明に対し、やはり各国ジャーナリストからは安全性や表示問題に対する質問が相次いだ。バートン氏はややいらだちながら反論する。

「農家にはGM品種を選ぶかどうかの選択肢がある。各国でも政府が栽培を承認したとたん、農家

は一斉にGM品種を導入し始めた。さまざまな批判があるが、ラウンドアップ・レディ品種が導入される前のことを思い出してほしい。農家は何種類もの除草剤を散布しなければならなかったのだ。グリーンピースや環境ジャーナリストからの批判は、バイオテクノロジーはすべて禁止してしまえというものであり、ケミカル（化学肥料、農薬）もということだ。それでは何ができるというのか？　バイオテクノロジーは10年間の導入の歴史があるが、何の問題もなかった」

主に生産者サイドからの強い需要にこたえる形で、モンサントなどの農業バイオ企業は着々と新商品の開発を進めている。モンサントのパーセル氏は、同社のバイオテクノロジー研究は主に、「①除草剤耐性、害虫駆除などの農産物の遺伝形質（Traits）開発②アミノ酸増強などの飼料開発・加工③健康重視の植物油などの食品開発④干ばつなどストレスのある中でイールドを向上できる品種開発――の4分野に重点を置いている」と説明した。

特に③の食品向けで注目されていたのは、健康に悪影響があるとされるトランス脂肪酸を削減できる低リノレン酸大豆の開発だ。トランス脂肪酸は、食用油の製造過程などで生成され、マーガリンなどに含まれるもの。「LDL」と呼ばれる悪玉コレステロール濃度を引き上げる一方で、「HDL」と呼ばれる善玉コレステロール濃度を引き下げるため、心臓病との関係があるとされる。米国では2006年1月から含有量の表示が義務付けられており、多くの商品で含有量が表示されるようになった。

モンサントは、GM技術ではなく新しい培養技術などを利用して、この低リノレン酸大豆の種子開発を終え、米穀物メジャーのカーギルと共同で05年から市場に投入を始めた。将来はこの種子開発にもGM技術を利用する予定だという。

さらに、青魚に含まれるEPAやDHAなど、血液の浄化作用を促す作用がある不飽和脂肪酸「オメガ3」を増強する種子の開発も進んでいる。こうした食品の成分改善にバイオ技術を積極的に利用する戦略は、これまでのGM作物が生産者サイドにのみメリットがあり、消費者サイドには不安しかもたらさなかったことへの反省に基づくものだ。

そして、モンサントの研究開発の最大のターゲットは、④の「ストレスがある中でイールドを向上させること」だ。具体的には「水不足に打ち勝つ」、つまり、干ばつに耐性のある種子の開発だ。パーセル氏は、「農業は自然界での水の減少の70%の責任を負っている」と指摘。干ばつ耐性のある種子の開発が世界的な急務になっていると強調する。

同品種の開発は当時、屋外での試験栽培を始めた第1フェーズで、「当局の承認作業なども含めれば、商品化まではあと7年ぐらいはかかるだろう」としていた。その後、モンサントは09年3月、ドイツ化学大手BASFと共同開発した世界初の干ばつへの耐性を持つGMトウモロコシ種子の販売、商業生産に向け、米農務省とカナダの担当当局に認可申請したと発表した。当局の認可が得られれば、12年の販売開始を目指すという。

GM作物については日本や欧州など、米国以外の先進国での反発、アレルギーが根強い。モンサントなどのバイオ企業や米穀物業界は導入当初、こうした消費者の反発を軽視していたことも背景にある。しかし、その後、GM作物を導入する国は徐々に増えていった。特に食料不足に苦しむ国にとっては、GM作物は福音になるとも受け止められた。

このメディアツアーでも、アフリカなどのジャーナリストからは「干ばつ耐性の種子はいつ商品化されるか」「アフリカ特産の作物のGM品種開発は進んでいるのか」などの質問が相次ぎ、商品化への期待も寄せられた。特に欧州のジャーナリストのGM技術に対する懐疑的見方とは好対照だった。

GM農法の導入がきたるべき世界の食料危機対処への切り札になると信じるGM推進派は「科学」に揺るぎない信頼を示す。一方、BSE（牛海綿状脳症）問題などで「科学」への不信感が強い欧州でも疑念を残しながらも徐々に受け入れつつある国も出始めている。そうした中でこのころ、日本でも話題を集めたのが、未承認GMトウモロコシ「Bt10」の混入問題だ。

◆GM作物をめぐる混乱続く

2005年5月末、筆者はシカゴで、ある穀物業界関係者から、米国から日本に輸入された飼料用トウモロコシの一部から、未承認のGMトウモロコシ「Bt10」が検出されたようだとの情報を入手し、報じた。

この問題は、スイスのバイオ大手シンジェンタが害虫駆除特性を持つ未承認のBt10の種子を誤って市場に流出させ、01〜04年にかけて米国内で商業栽培されたと3月に米政府に報告したことが発端だ。その後、日本の農林水産省が、名古屋港で5月下旬に通関前検査をした米国産トウモロコシ390トンにBt10が混入していたことを発見。同省はトウモロコシ輸入について全船検査を実施し、日本の飼料用トウモロコシ輸入に大きな影響を与えるなど騒動が拡大した。

このBt10は飼料用で、米政府当局も安全性には問題ないと主張したこともあり、00年に大騒ぎとなった飼料用トウモロコシ「スターリンク」の食品用混入事件と比較すると、一般の関心も低く、騒ぎの沈静化も早かった。スターリンク事件から6年たち、あれだけ強かった日本でのGM作物に対する単純な拒否反応はかなり薄れてきたとの印象も受けた。

しかし、この事件は、日本が年間1600万トンのトウモロコシ輸入のうちの約9割を米国産に頼っているという食料・飼料政策の根本的問題を改めて提起した。仮に、米国産トウモロコシに何らかの問題があっても、日本の大量の需要に急に対応できる輸出国は事実上ない。米国産トウモロコシの輸入がストップした場合、日本の畜産業界が甚大な影響を受けることは明らかだ。

そしてその後も、日本の大手商社の穀物担当者は、米国でGM作物が大勢を占める中で、日本ではGM食品の受け入れが一向に進まないという大きなギャップに苦労し続けることになる。

トウモロコシ、大豆相場の高騰が一段と顕著になった07年ごろには、GM品種の価格に上乗せされる、遺伝子非組み換え（非GM）品種の価格プレミアムの魅力が薄れ、米国の農家は手間のかかる非GM品種を作付けしたがらなくなっていた。しかし、どうしても日本の消費者向けに非GM品種を手当てしなければならない日本の商社の担当者は、それこそ、「札束で頬を引っぱたく」形で、農家に以前より大幅に高い価格を提示し、非GM品種の作付けのお願いに回った。ここでは、07年2月24日に筆者が執筆、配信した記事を紹介しておこう。

◎遺伝子非組み換え品供給に黄信号

——穀物高騰で米農家が作付け敬遠——

【シカゴ24日時事】米国でのエタノールブームを背景とした穀物相場高騰のあおりで、日本向けの遺伝子非組み換え（非GM）のトウモロコシや大豆の供給に黄信号が点滅している。米国の農家が収入面での魅力が小さくなった非GM品の作付けを敬遠しつつあるためで、日本の大手商社などは農家に対する作付け継続の説得に追われている。

「今後は、GMトウモロコシをできるだけ多く作りたい。手間もかかり、単位当たり収量も少ない非GM品に対して、誰も十分な価格を支払ってくれないからだ」と語るのはイリノイ州のある農家。実際、今年から非GMの作付けをやめる農家も多いようだ。

通常、日本の食品向けでは、大手商社などが米国の農家にGM品の価格に一定の上乗せ金（プレミアム）を加えた代金を支払うことで、非GMのトウモロコシや大豆を生産してもらってきた。農家にとっても、今や主流となったGM品に比べ高く売れるというメリットがあったが、穀物相場全体の高騰で、こうしたプレミアムの魅力はほとんどなくなった。むしろGM品の混入防止対策や農薬散布などの手間とコストばかりが目立ってきた。

昨年の米国のトウモロコシのGM比率は61％と２０００年の25％から大幅に増加している。ある種子会社によると、今年の種子販売状況はGMが72％に達しているという。日本の消費者がこ

図表2-1　世界のGM作物栽培面積推移

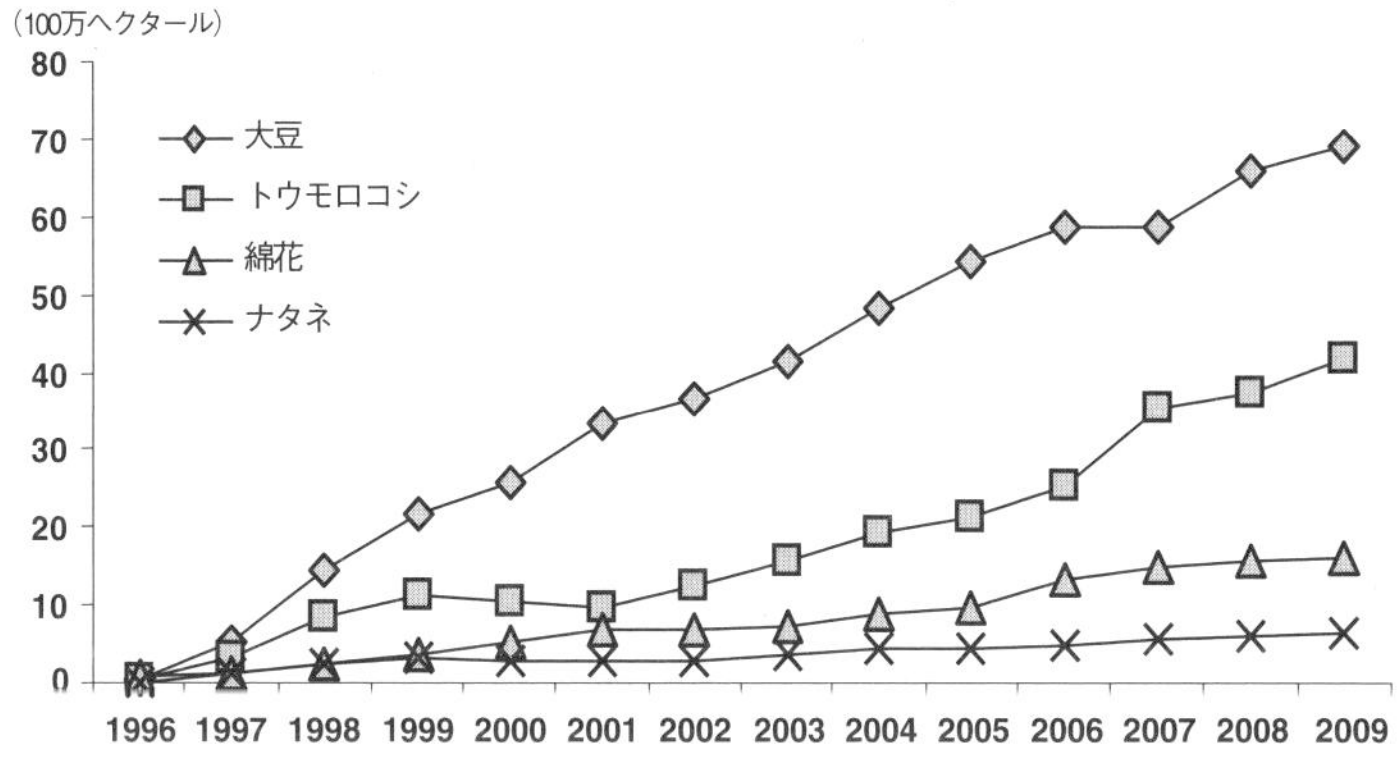

出典 ISAAA, 2010

れまで通り非ＧＭ食品を享受するためには、米国の農家に一段と高い価格を保証しなければならなくなっており、ＧＭを拒否してきた日本の食料確保戦略も大きな試練を迎えつつある。

◆ＧＭ技術とバイオ燃料

開発途上国へのＧＭ作物普及促進を目指す米国の非営利団体である国際アグリバイオ事業団（ＩＳＡＡＡ）が２０１０年２月に発表した年次報告によると、09年の世界のＧＭ作物の作付面積は前年比７％増の１億３４００万ヘクタールとなった。１９９６年に商業栽培が始まってから13年を過ぎ、作付面積は順調に拡大している。

導入国数は25カ国と２００８年と変わらず。コスタリカが新たに導入した一方で、ドイツが09年４月に栽培を禁止したためだ。ＧＭ作物の栽培農家数は08年の１３３０万軒から１４００万軒に増加した。作付面積上位は、米国がトップの座を維持、前年比35％急増したブラジルがアルゼンチンを上回って2位に浮上した。4位以下は、インド、カナダ、中国、パラグアイなどの順だ。

特徴的なのは、ブルキナファソ、南アフリカ、エジプト、インドなどの途上国で作付面積が大幅に増加する一方で、ドイツの栽培禁止に象徴されるように欧州での導入は進んでいないことだ。欧州での栽培面積は08年の7カ国10万7719ヘクタールから6カ国9万4750ヘクタールに減少している。

一方、ISAAAが09年のエポックに挙げるのが、中国が11月に害虫駆除効果のあるコメ（Bt Rice）と飼料用トウモロコシの栽培を承認したこと。今後は登録と試験栽培を経て、2～3年後には商業生産が可能になる見込みだ。特に、「全世界の人口の約半分を養う最も重要な食物である」コメでは、イールドを8％向上させると同時に、農薬使用量を80％減らせるという。

ISAAAのクライブ・ジェームズ会長は、「前年の食料危機、価格高騰、そして初めて10万人以上の人を苦しめた飢餓と栄養失調もあり、世界は今、単なる食料安全保障から食料自給にシフトしつつある」と宣言した。その上で「現在の約13億という人口を考慮すれば、バイオ技術による作物は中国にとって、自給を達成するために不可欠のものになるだろう。他の国にとってもそうだ」と強調した。

GM作物はエタノールなどバイオ燃料の将来にとっても重要なカギを握っている。野心的な再生可能燃料基準（RFS）を達成するためには、イールド向上が不可欠であり、GM技術の進展にも大きく依存せざるを得ない。

既に紹介したように、モンサントは現在、12年の商業栽培開始を目指して、期待が集まる干ばつ耐性のあるGMトウモロコシの研究開発を進めている。こうした新たなGM品種の投入により、「30年までに、トウモロコシのイールドを00年比で倍増させる」との公約も打ち出している。

GM技術の導入は、その功罪ではまだ議論が続き、賛成派、反対派の溝はいまだ深い。それでもバイオ燃料ブームに先立つ農業革命だったことはまぎれもない。人間が直接口にするコメや麦などの主食では、GM技術の導入には依然、日本や欧州で反対論が根強いが、バイオ燃料向けであれば、それが非GM作物の生育などに影響を与えない限り、抵抗は少ないだろう。今後、バイオ燃料の生産効率を高めるようなGM技術の開発が進むのかも興味深い。

にわかに強まる逆風

◆バイオ燃料は〝人類に対する犯罪〟

「バイオ燃料生産が飢餓につながるとの国連組織の報告書の批判は誤解であり、見直す必要がある」

2007年11月13日、米再生可能燃料協会（RFA）など世界の有力エタノール業界団体は、国連の潘基文事務総長あての共同声明を発表した。これは、国連の「食糧確保の権利に関する特別報告者」

であるジャン・ジーグラー氏が同年8月に国連総会に提出した報告書に反論したものだ。

同報告書は、世界の飢餓人口が8億5400万人に増える中で、バイオ燃料の生産は食料と燃料の間の穀物争奪戦をもたらし、開発途上国の貧困と飢餓を助長する「災厄の処方箋」だなどと厳しく批判した。ジーグラー氏はさらに、同年10月末には記者会見を行い、バイオ燃料は「人類に対する犯罪」だと糾弾し、5年間の生産停止を求めた。

これに対し、バイオ燃料業界はすぐさま猛反発した。RFAとカナダ再生可能燃料協会、欧州バイオエタノール燃料協会、ブラジル・サトウキビ産業協会の4団体は声明で、ジーグラー氏の報告書は「終末論的だ」と表現。こうした批判はバイオ燃料の恩恵を受けている世界中の人々や業界発展に貢献しているわれわれにとって受け入れがたいとし、健全な科学と信頼できる研究に基づき報告書を見直すべきだと訴えた。

声明は、報告書の論点の多くは誤解だとし、「バイオ燃料は飢餓につながる」などの見方に対しては、飢餓の原因は食料不足ではなく、低所得と失業などが原因だと反論。さらに食品価格の上昇のより大きな原因は原油価格の高騰だとの見解も示した。

特に06年後半からの国際穀物相場の高騰を背景に、そしてこの国連の報告書などをきっかけに、07年ごろから「穀物や食品の価格高騰の主な原因はバイオ燃料の生産急増だ」といったバイオ燃料批判が全世界で燎原の火のごとく広がっていった。

わずかその1年ほど前までは、化石燃料依存からの脱却を図ることができ、地球温暖化防止にも役立つともてはやされ、「善玉」だったはずのバイオ燃料は、にわかに「悪玉」に転落した。

米商品アナリスト、ビル・ラップ氏は当時、「食品価格上昇率は、過去5年間は平均2・4%だったが、07年は5・4%、さらに今後5年間の平均上昇率は7・5%に達する」と予想しており、食品価格インフレは不可避との印象だった。問題はバイオ燃料の増産がその主原因かどうかだ。

米アイオワ州立大学の農業エコノミスト、チャド・ハート氏は「コーンフレーク価格に占める原料トウモロコシのコストは5%でしかない。米国の食品コストの大半は輸送、包装、販売などによるもの」と指摘する。バイオ燃料業界関係者は、こうした分析に基づき、穀物高よりも、石油の高騰による輸送や加工コストの上昇の方が、食品価格への影響が大きいと反論した。

ただ、穀物の需要先としてバイオ燃料のウェートが高まれば高まるほど、原料穀物が天候異変で凶作となった場合、飼料や食料向けの供給と、燃料向けの供給、どちらを優先すべきか、という問題は必ず出てくる。当然、最優先は食料ということになるが、その場合は逆に、燃料価格の高騰などの混乱も予想される。

エタノールなどバイオ燃料の異例の生産急増が一般にも知られるようになり、穀物価格の高騰に何らかの影響を与えていることが明らかになるにつれて、世界のメディアでは、「食料と燃料の農地の奪い合い」「穀物争奪戦」などの言葉が躍り、バイオ燃料批判は一段と高まっていく。

◆生産効率や環境面への疑問

もともとバイオ燃料、特にトウモロコシを原料とするエタノールは、生産される燃料よりも多くの化石燃料を消費し、エネルギー節約にはならないという学説もあった。

米コーネル大学のピメンタル教授（エコロジー・農業）とカリフォルニア大学バークレー校のパチェック教授（環境工学）のチームは、バイオ燃料批判がまだほとんど表面化していなかった2005年7月、エタノールやバイオディーゼルなどの「再生可能燃料」は、生産される燃料よりも多くの化石燃料を消費し、エネルギー節約にはならないとする研究報告を発表した。

報告によると、トウモロコシを原料にエタノールを製造した場合、生産される燃料よりも、生産過程で消費される燃料の方が29％多くなることがわかった。さらに、バイオディーゼルを大豆から生産した場合も、生産に必要な燃料はバイオディーゼルの生産量より27％多くなるという。

これらは、原料となる穀物を生産する際の農薬や肥料の製造、農業機械の利用、穀物の輸送などの過程で利用するエネルギーを試算した結果だという。さらにこのほかにも、米連邦政府や州政府などの補助金が結果的に消費者の追加コストになっていると指摘している。

ピメンタル教授は、「エタノールは多くの化石燃料の投入を必要とする」とした上で、「植物からエタノールやバイオディーゼルを製造することは間違った針路だ」と強調。代わりに、米政府は太陽電池や風力発電、水素燃料などの開発に力を注ぐべきだと訴えている。

さらに、環境面での批判も高まり始める。米民間シンクタンク、ワールドウォッチ研究所のバイオ燃料プロジェクトマネジャーのスザンヌ・ハント氏は06年6月21日、米ウィスコンシン州ミルウォーキーで開催された「燃料エタノール・ワークショップ・アンド・エキスポ」で講演し、エタノールなどのバイオ燃料の生産が世界的に急増しているが、環境面でのリスクも大きくなっていると注意を喚起した。同氏は同月7日に同研究所が発表したバイオ燃料に関する報告書の取りまとめ役を務めた。

同氏はバイオ燃料ブームについて、エネルギー安全保障の観点のほか、政治家が好む雇用創出や地域の発展、発展途上国でのバイオマス事業の大きな可能性などが後押ししていると説明、一定の意義は認めている。

しかし、バイオ燃料は、環境保全が必要な地域での耕作地の拡大、水利用の過度の増加、土壌の侵食――が環境に悪影響を与えるリスクになると主張。さらに、原料農産物の用途の競合、貿易障壁、インフラ技術の障壁、一般消費者の受容、国際的な燃料品質基準の欠如など多くの懸念を抱えていると批判した。

◆CBOTビルに蜘蛛男登場

2007年10月10日、筆者がシカゴ商品取引所（CBOT）の隣のオフィスビルにある支局で仕事をしていると、パトカーや消防車などが続々と集まり、外が騒がしいのに気付いた。よくある火事あるいはボヤ騒ぎかと思って念のためビルの外に出てみると、騒ぎの中心が隣のCBOTビルであることがわかった。集まった群衆らは皆、1930年に完成したアールデコ様式で、シカゴ市の代表的建築物の一つであるＣＢＯＴビルの正面の壁面上方を見つめている。そこには、２人の男が、まるで蜘蛛男のように壁面に張りついて、何やら横断幕のようなものを広げつつあった。

　広げられた15メートルほどの横断幕には「熱帯雨林破壊のＡＢＣ」と書かれていた。周辺の道路封鎖まで行われる騒ぎを引き起こしたこの騒動では横断幕を張った男２人を含め４人が警察に身柄を拘束された。現場近くでは２人の男女が何やらチラシのようなものを配っているので、もらいに行くと、環境保護団体「レインフォレスト・アクション・ネットワーク（ＲＡＮ）」のメンバーだと名乗り、プレスリリースをくれた。

CBOTビルの蜘蛛男

　そういえばと思い出したのが数日前に送られてきた見慣れない電子メールで、この団体がこの日の「事件」を予告するものだったことに後から気付いた。ＲＡＮはこの日発表した声明で、アーチャー・ダニエルズ・ミッドランド（ＡＤＭ）、ブンゲ（Bunge）、カーギル（Cargill）の米穀物商社大手3社が、世界的なブームとなっているバイオ燃料の原料となるパーム油や大豆などを南米、東南アジアなどで増産していることが熱帯雨林の破壊につながっていると訴えた。

　つまり、これら穀物メジャーの頭文字がＡＢＣであり、バイオ燃料生産大手でもある彼らへの批判を、世界の穀物市場の中心地ＣＢＯＴでより効果的に訴えようという活動だった。まさに、バイオ燃料批判がピークに向かいつつあったことを象徴するイベントとなった。

◆食品、飼料価格の高騰に悲鳴

「北米の食品スーパーで販売されているトルティーヤ（メキシコ風薄焼きパン）などの原料となるコーンフラワーの価格が過去2週間で40％上昇し、値上がりを消費者に転嫁し始めている」米紙シカゴ・サンタイムズは2007年1月26日付で、原料トウモロコシ価格の高騰が、徐々に関連食品の小売価格にも波及し始めている実態を伝えた。

同紙によると、シカゴ市郊外のピルゼンのある食品スーパーは、12枚入りの市販品のトルティーヤの価格を30セントから35セントに引き上げた。また、別の食品スーパーのマネジャーは、コーンフラワー（粉）の価格上昇を受けて、「コーンフラワーを購入するのではなく、トウモロコシそのものを仕入れて、自分ですりつぶすためにグラインダーを購入した」と語った。

この記事に限らず、このころは原油や穀物相場の高騰がついに、末端食品価格の値上げという形で、一般消費者にも影響を与え始めたことを伝える記事がシカゴでも頻繁に出始めていた。しかしまだ、米国では一部貧困層を除き、食料危機といえるような状況はなかった。

一方、穀物価格の高騰による需要家サイドの悲鳴は一段と強まっていった。全米肉牛生産者協会（NCBA）は07年2月初めにテネシー州ナッシュビルで開催した年次総会で、エタノール需要の急拡大に伴って原料トウモロコシ価格が高騰していることを受けて、エタノールなどの再生可能エネルギーの生産および利用について、市場原理に基づくアプローチに移行することを求める決議を採択した。

NCBAは声明で、トウモロコシや他の飼料穀物価格の急騰により、過去4カ月間、生牛肥育農家の操業コストは上昇したと訴え、この総会ではエタノールなど再生可能エネルギーを最大のテーマに取り上げ、次のような決議を採択した。

「再生可能エネルギーの開発などの外国産エネルギーへの依存度削減という政府の取り組みは支持する。しかし、生牛肥育農家や他の飼料穀物利用者との競争条件を同じにするために、市場ベースのアプローチに移行するよう求める」

具体的には、エタノールの混合業者に対する優遇税制や輸入関税の段階的撤廃を求めた。さらに、穀物価格への影響の少ないセルロース（植物繊維）系エタノールの研究開発の推進を求め、バイオ燃料の原料としての飼料穀物への依存度低下を政府に要請した。

急激に悪化する経営環境

◆価格低迷とマージン縮小

2006年に米国で時代の寵児となったエタノールは原料トウモロコシの歴史的な価格高騰、そのメリットの一部への疑問の浮上から、あっという間に大きな逆風に見舞われた。ウォール街からの大量の資金流入で工場建設ラッシュが続き、わが世の春を謳歌していた感もあったエタノール業界は07年になって経営環境も急激に悪化していく。

ここで、世界最大の先物取引所CMEグループ傘下のシカゴ商品取引所（CBOT）に上場されているエタノール先物関連の各種データ、チャートを見てみよう（図表2-2参照）。

チャート①は、エタノール先物当限《とうぎり》と、原料トウモロコシ先物当限《とうぎり》を比較したものだ。06年6月にエタノール価格は1ガロン＝4ドルを超えて高騰したものの、その後は、トウモロコシ価格が急上昇を続ける中でも、価格の低迷が続いていることがよくわかる。

この結果、チャート②のように、エタノール工場の採算を示すトウモロコシからエタノールへの加工マージンは縮小の一途をたどり、08年6月ごろには限りなくゼロに近づいている。つまり、ほとんど利益が上がらない状態だ。

一方、エタノールと、混合されるガソリン価格との比較がチャート③だ。07年5月ごろまでニューヨーク商業取引所（NYMEX）に上場されている改質ガソリン（RBOB）先物相場を上回っていたエタノール相場は、原油相場が史上最高値を更新する過程では両者が逆転していたことがわかる。ガソリン価格が、原油価格の大投機相場に振り回され、価格変動が激しくなる一方で、エタノール価格は変動が相対的に抑えられていたということだ。エタノールのブレンダーは、こうした両者の価格変動の相違をにらみながら、ブレンド比率を工夫していたものと思われる。

エタノールは、07年半ばまでは、ガソリンと比較して価格競争力が劣っていたことに苦しんでいた

図表2-2

チャート① CBOTのエタノール先物とトウモロコシ先物の相場推移

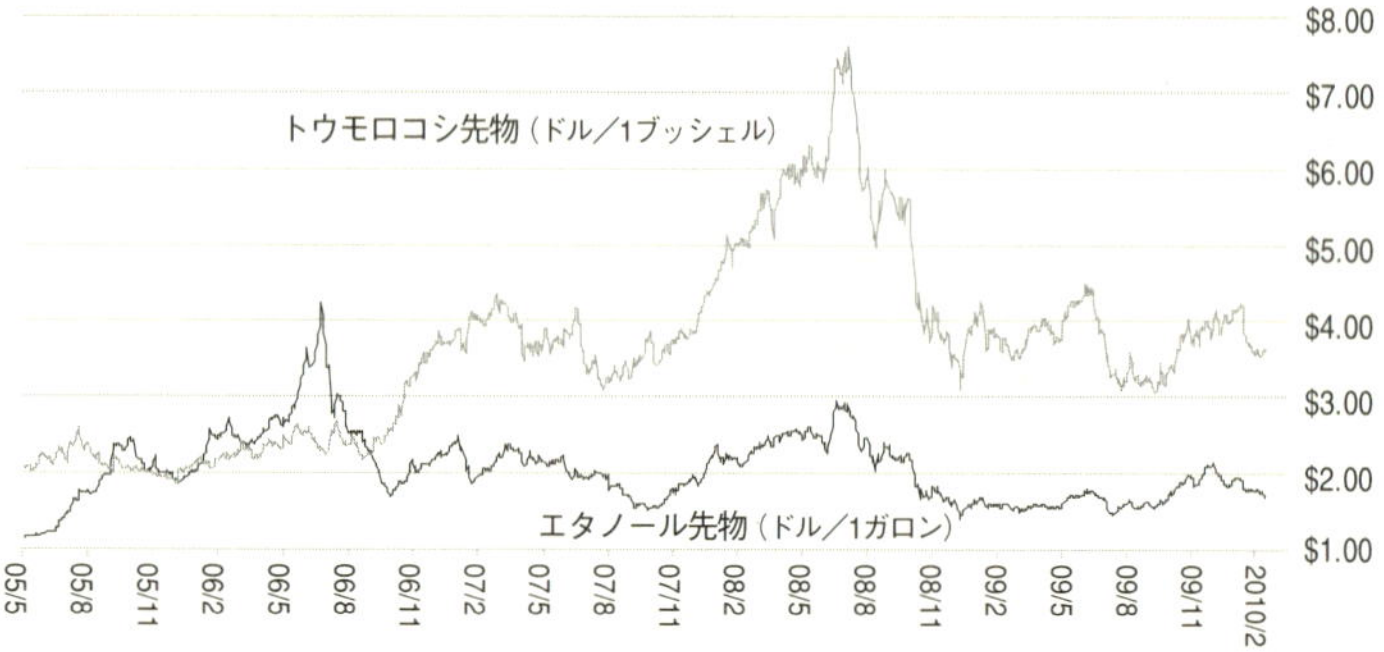

チャート② トウモロコシを原料としたエタノールの利ざや

チャート③ CBOTのエタノール先物とNYMEXのガソリン先物の相場推移

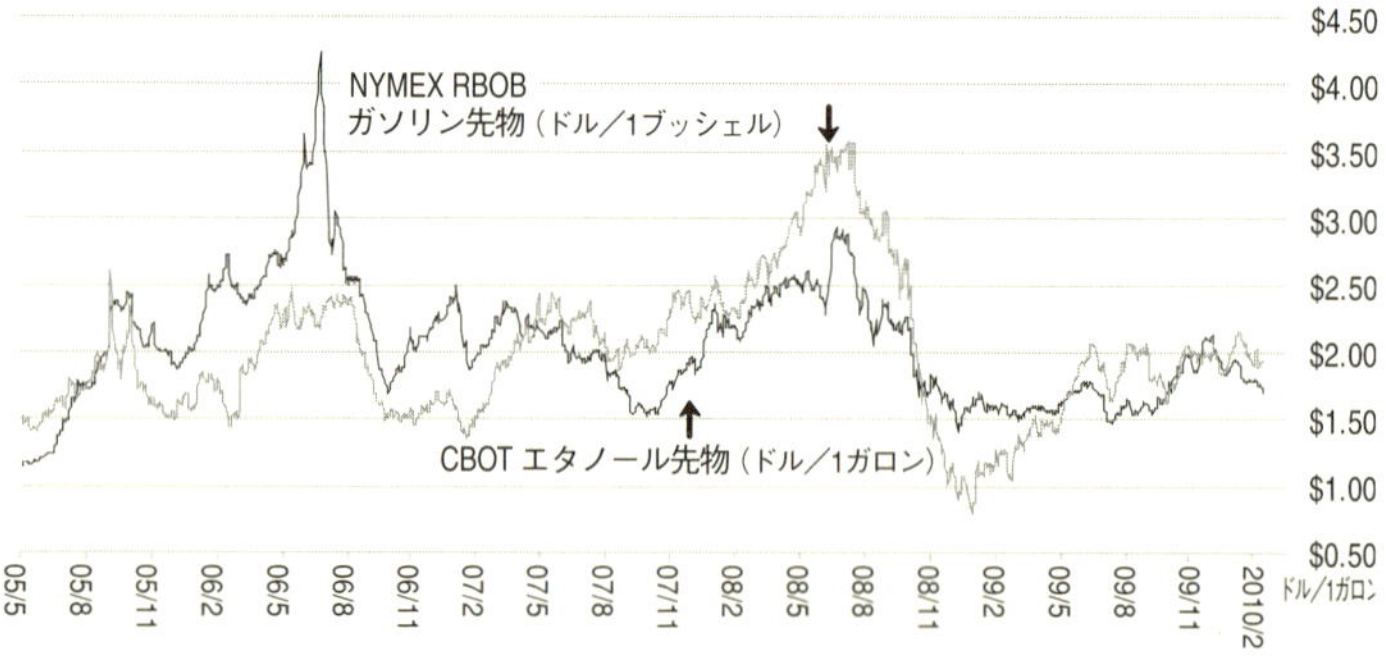

が、その後は、ガソリンほど価格が高騰しなかったことで、競争力を回復していたようだ。

◆業界再編始まる

2007年6月18日付の米紙ウォール・ストリート・ジャーナルは、過去2年間、工場建設ラッシュが続いているエタノール業界では、収益性が悪化する中で、業界再編が活発化していくだろうとの分析記事を掲載した。特に、輸送インフラの整備の遅れや、ガソリン中のエタノールの混合比率の引き上げの遅れがエタノールの潜在的な供給過剰につながり、エタノール事業資産は買い手市場となり、大手の寡占化が進むとの見通しを示した。

実際、この記事が出た直後の6月23日、当時エタノール生産では全米2位のベラサン・エナジーが、同業のASアライアンス・バイオフュエルから三つのエタノール工場（合計年間生産能力3億3000万ガロン）を総額7億2500万ドルで買収するとのニュースが飛び込んできた。

ベラサンのエタノール工場は当時、稼働中が3工場で、合計生産能力は3億4000万ガロン、建設中または計画中が3工場で、3億3000万ガロンだった。これに買収する3工場を加えると、全生産能力は08年末までにちょうど10億ガロンとなる見込みだった。

ベラサンの強気戦略はさらに続く。同年11月29日、同社に次ぐ全米4位のUSバイオエナジーを約6億8600万ドルで買収すると発表。買収後にはエタノール工場数は稼働中が9、建設中が7となり、08年末までに合計の生産能力は年間16億ガロンに達するはずだった。

こうした積極的拡大策の一方で、同社は業界を取り巻く環境悪化を受けて、07年10月には、米インディアナ州レイノルズで計画していた年間生産能力1億1000万ガロンのエタノール工場建設の一時延期を発表した。エタノール価格の下落など市況の悪化を受けたもので、環境が改善すれば08年中にも建設作業を再開するとしていたが、結局、実現せず、その後の同社の命運を暗示した。

レイノルズは州都インディアナポリスの北西約136キロに位置し、同州が05年からプロジェクトをスタートさせた全米初のバイオ燃料生産施設の集積地域「バイオタウンUSA」がある。ベラサンの工場建設計画も07年4月に発表され、既に整地などの準備作業は終えていた。

同社幹部はレイノルズ工場の着工延期について、「エタノール価格が過去60日間でガロン当たり約0・5ドルも下落するような市況の急激な変化を考慮すると、現在の拡張ペースを調整することが賢明だろう」と説明した。

08年8月末に、同じインディアナ州中部のラファイエットにあるパーデュー大学のウォレス・タイナー教授にインタビューするチャンスがあった。同教授に「バイオタウン構想」はどうなったのかと聞いた。同教授は淡々と「インディアナ州では2年前にはエタノール工場は一つしかなかったが、ブームにより今年末まで13工場になる予定だ。しかし、バイオタウン構想自体は、まだ工場誘致段階で、一つも工場は建設されていない」と語った。

ラファイエットからシカゴに帰る道すがら、レイノルズに寄ってみた。エタノールを85％混合した「E85」を販売するガソリンスタンドがあり、「バイオタウン」を示す小さな看板も見つけたが、それらしき施設や新工場建設のような活気は何もなく、ただの静かな農村だった。

一方で、古くからエタノールビジネスに参入し、農家共同出資型の小規模工場を地道にグループ化し、いつの間にかエタノール生産で米最大手にのし上がったのがポエットだ。同社は、07年9月にインディアナ州ポートランドに同社としては21番目となるエタノール工場の稼働を始めた。その結果、稼働中の全工場の合計生産能力が11億ガロンに達し、アーチャー・ダニエルズ・ミッドランド（ADM）を上回り、世界最大手になったことを明らかにし、業界でも注目を集めた。

同社は1987年にサウスダコタ州で最初のエタノール工場を取得して以来、同州やオハイオ州、インディアナ州など全米6州で20のエタノール工場を建設、稼働させてきた。07年3月末には複数のブランドを統一するため、社名をブロインからポエットに変更していた。

◆エタノール市場の構造問題浮上

バイオタウン？レイノルズ

２００７年後半から特に顕著になり始めた米国のエタノール業界の苦境は、ブッシュ政権のテコ入れで過去数年続いていた工場の建設ラッシュの反動、エタノール価格の下落の一方で原油高に追随した原料トウモロコシ価格の高騰によるマージンの急縮小など悪材料が重なったためだ。

ただ、他の商品相場の上昇トレンドが続く中で、06年5月には一時ガロン当たり4ドルを上回っていたエタノール価格がその1年半後の07年10月に、同1・50ドル付近までなぜ急落したのかを分析すると、エタノール市場に特有の構造的要因があったことが浮かび上がってくる。

06年ごろから既に、エタノールブーム停滞につながる問題として、業界では「ボトルネック」、そして「ブレンドの壁」という言葉が使われるようになっていた。

まずボトルネック問題とは何か。エタノールは、金属の腐食懸念などで、通常の石油パイプラインでは輸送できず、主に鉄道、そしてトラック輸送に頼らざるを得ない。その鉄道輸送の際の積み下ろし施設や貯蔵タンクの容量がエタノール供給の急増に間に合わなかったというロジスティック上の障害がボトルネック問題だ。特に、南東部などのガソリンへのエタノール混入が遅れていた地域でこの問題は深刻だった。

ただ、アイオワ州立大学（同州エームズ）で農業政策やバイオ燃料政策を担当する農業エコノミスト、チャド・ハート氏が07年12月中旬のインタビューで、「これまでインフラがなかった南東部でも、現在、ブレンダー（エタノール混合業者）や精製業者がインフラ施設を建設しているところだ。まだ多少時間がかかるものの、ボトルネック問題も減っていくだろう」と語ったように、次第に問題とはされなくなっていった。

一方で、エタノール業界にとって市場成長の最大の障害として今も業界全体で政府当局への働きかけなどの取り組みが続いているのが、通常のガソリンエンジンに混合できるエタノールの比率上限が

10％に規制されているという「ブレンドの壁」問題だ。

米有力穀物調査会社、インフォーマ・エコノミクスのスコット・リッチマン上級副社長は、07年12月上旬のインタビューで、「ブレンドの壁」の現状を説明してくれた。

同氏は、07年の4月以降急落していたエタノール価格が、10月から回復傾向が強まったと指摘。これは、原油価格の上昇がガソリン卸売価格を押し上げ、エタノール価格の上昇につながったことに加え、「ブレンドの壁」と呼ばれるガソリンへのエタノール混合比率の上限問題が一時的に解消に向かいつつあることも背景だとの見方を示した。

具体的には、「これまでほとんどエタノールが混合されていなかったフロリダ、ジョージア、ノースカロライナ、テネシーなどの南東部諸州でガソリンの品質基準が緩和され、エタノールの10％混合が進む見通しとなった。さらに、これまで混合率が6％にとどまっていたカリフォルニア州でも10％混合の動きが出ている」と述べ、エタノールに新たな市場が加わりつつあると解説してくれた。しかし、このようにまだ残されていたエタノール混合比率の上限までの余裕は、あっという間に埋まり、08年ごろから再びエタノール業界の最大の課題になってくる。

08年7月に、トウモロコシ価格の高騰の主因は原油価格の高騰だとする研究報告を発表した米パーデュー大学のウォレス・タイナー教授は08年8月末のインタビューで、米国のエタノール産業は、ガソリンに混入できる比率の上限に既に近づきつつあるという『ブレンドの壁』問題の解決がなければ今後の成長は難しいとの認識を示している。

同教授は、今後のエタノール産業について、「今年末に年間生産能力が130億ガロンに達するが、通常のガソリンへのエタノール混入比率の上限を10％とする現行規制、いわゆる『ブレンドの壁』問題がある限り、これ以上、生産が大きく増え、業界が成長することはないだろう。この上限を15％とか、20％に引き上げることも容易ではない」と述べている。この「ブレンド」の壁問題は第5、第6章で再び触れる。

◆テキサス州の叛乱

米国のエタノール〝バブル〟を最後にあおった2007年12月の新エネルギー法で改定された再生可能燃料基準（RFS2）は08年に入り早くもほころびを見せ始める。

ブッシュ大統領のおひざ元で、米国の石油産業の中心地であるテキサス州のペリー知事は同年4月下旬、RFSを大幅に緩和するよう求める声明を発表、業界で大きな波紋を呼んだ。

ペリー知事は声明で、「この政策はテキサス州民の食費に大きな影響を与えている」と批判。「RFSの適用除外がこれらのコストを削減する最良で、最も早い方法だ」として、同基準を50％分緩和することを連邦政府に求めた。また、牛肉生産で国内トップの同州では、畜産農家の飼料コスト上昇も深刻だと訴えた。

このテキサス州知事の叛乱を受けて、再生可能燃料協会（RFA）は、エタノール使用量を削減してもテキサス州の家畜飼料用、食品加工用の原料穀物の価格を大幅に低下させることにはならないと反論。「むしろ、ガソリンやディーゼル価格をさらに上昇させる。これはテキサス州の石油企業に恩恵をもたらし、テキサス州や米国の他の地域の消費者に対し明らかな悪影響を与える」と強調した。

一方、RFSを管轄する米環境保護局（EPA）は5月16日、テキサス州のペリー知事の提案を検討するために30日間のパブリックコメント提出期間を設定すると発表。政府のバイオ燃料促進策の弊害を訴える声に耳を傾ける姿勢を示した。

06年秋のトウモロコシに始まり、大豆、小麦と続いた穀物価格の高騰が08年に入り、開発途上国の主食となっているコメにまで飛び火したことで、穀物価格の高騰はにわかに大きな国際問題となった。中国やインドなどの新興国の急激な経済成長による長期的な需要拡大見通しが最大の背景だが、過去数年爆発的に生産が急拡大したエタノールなどのバイオ燃料も大きな影響を与えた。

当時のシェーファー長官ら農務省幹部は08年5月19日、「食料と燃料」に関する緊急記者会見を開いた。食料価格高騰におけるバイオ燃料悪玉論に反論する趣旨だった。

会見では同省のグラウバー主任エコノミストが「食品価格に占める原料農産物コストは20％弱にすぎない」「トウモロコシ価格が50％上昇した場合でも、食品の小売価格は1％弱押し上げられるだけ」などと、米政府が推進してきたバイオ燃料奨励策が世界的な食品価格急上昇に与える影響はそれほど大きくはないと必死に弁明した。

そして、シェーファー氏も「原油価格の上昇が食品の輸送、加工、包装、販売コストの上昇につながる」と述べ、改めて食品価格上昇における原油高の影響の大きさを強調した。

バイオ燃料は化石燃料の代替となるがゆえに、原油価格の上昇を原料穀物価格の上昇につなげ、結果として食料価格高騰に加担した。ただ、主犯は誰かというと、穀物需給のひっ迫とともに、バイオ燃料の急拡大をもたらした原油高ではないのかという意見も増えていた。そして、その原油、穀物価格の高騰では、新たな投機筋の影響が予想以上に大きいとの見方も出始めていた。第4章で詳述するいわゆる投機主犯説だ。

ちなみに、テキサス州が提起した「RFS」問題は、08年8月7日にEPAが、テキサス州によるRFS緩和要請を却下したことでひとまず終息する。EPAはバイオ燃料向け穀物需要の急増が食品価格の高騰につながっているとの見方を否定、引き続きバイオ燃料の利用拡大を推進していく意向を表明した形だ。

◆エタノール業界寵児の転落

2007年後半から強まったエタノール業界に対する逆風は08年秋に一つのクライマックスを迎える。エタノールブームの象徴ともなった新興のエタノール大手ベラサン・エナジーが資金繰りに行き詰まり、経営破たんした。

ベラサンは08年6月25日、市況悪化を理由に、近く完成予定のノースダコタ州ハンキンソン工場の操業開始を延期すると発表。既に同社は完成したばかりのミネソタ州ウェルカム工場とアイオワ州ハートレー工場の操業開始の延期を決めており、これで3工場目だった。同社はこのとき、エタノール価格が無鉛ガソリンに比べ大幅に安い価格で販売されており、価格の回復とマージンの改善が見られるまでは操業延期もやむを得ないとだけ説明した。ただ、市場では、ベラサンの経営破たんは時間の問題だとの見方が広がっていった。

そして同年10月末ベラサンはついに、連邦破産法11条に基づく会社更生手続きの適用を連邦破産裁判所に申請した。

当初は原料トウモロコシの価格高騰や金融危機に伴う貸し渋りにより、資金繰りが急激に悪化したものと説明され、米国のエタノール業界が大きな転機を迎えたことを象徴するニュースとなった。同社はこの時点で、建設中も含め、全米に16工場を所有、エタノールの年間生産能力は14億2000万ガロン（約54億リットル）と米国最大規模になっていた。

ベラサンの破たんの真相はその後、徐々に判明していく。

同社は、原料トウモロコシ価格の高騰を受けて、通常ならば、購入したトウモロコシの価格下落リスクを回避するために先物市場で売りヘッジをするところを、価格高騰が続くと予想して売りヘッジしなかったことで、08年夏以後の相場暴落で巨額の損失を出したということだった。

穀物業界では、手当てした現物の価格下落を避けるためのヘッジ売りは不可欠とされており、穀物取引におけるリスク管理という初歩的な部分で、新興企業であるがゆえの判断ミスがあり、命取りとなったようだ。

ベラサンは会社更生手続き申請時には、操業は続けるとしていたが、その後、大半の工場で操業を停止。09年3月に、保有する16工場中、7工場について売却のための入札を行った結果、米製油大手バレロ・エナジーがすべて落札、買収することになった。これは、石油関連業界がエタノール事業に本格参入するという意味では逆に前向きのニュースともなった。

米農産物大手商社ADMのジョン・ライス執行副社長は09年2月上旬の記者会見で、エタノール需要の減退とマージンの縮小で、全米のエタノール工場の約21％が稼働を停止していることを明らかにした。全米の稼働中の生産能力は、工場建設ラッシュがピークとなった08年半ばには129億ガロンあったが、この時点で102億ガロンに減少したという。

一時は業界トップに躍り出るかというほどの勢いのあったエタノールブームの寵児、ベラサンのあっという間の転落は、業界の激動、経営環境の急激な悪化を象徴した。それは、ほぼ同時並行で進んでいた金融、商品市場の投機バブルに翻弄され続けた結果でもある。いわば、新興企業としてウォール街の毒を飲み、地に足をつけた農業関連ビジネスの王道を見失った。農家と密着して地道に事業を拡大し、業界トップとなったポエットと好対照でもあった。ベラサンの破たんはバイオ燃料業界だけでなく、ブームの恩恵で空前の利益を挙げた米国の農家にとっても大きな教訓となったはずだ。

第3章

シカゴ市場、空前の活況

第3章では、米国のエタノールブームの一つの舞台装置でもあるシカゴ先物市場の発展ぶりを紹介する。米国の住宅・金融バブルがピークに近付きつつあった2006年秋、シカゴにある米国の2大先物取引所が合併し、世界最大の先物取引所が誕生した。シカゴが単なる米国の穀物取引の中心地から、世界のリスク管理、デリバティブ取引の中心拠点にまで発展した中心には、レオ・メラメド氏という一人のカリスマがいた。メラメド氏の夢が次々と実現する中で、シカゴ市場は膨張する世界の投機マネーの受け皿となっていった。

米国中央部の北寄りに位置するイリノイ州シカゴ。2008年に、米国、いや世界中の人々を興奮、熱狂させた米国史上初の黒人大統領オバマ氏の地元として注目を集めた。しかし、それ以前は、東海岸のニューヨーク、西海岸のロサンゼルス、サンフランシスコなどと比較し、観光資源に乏しく、世界的な知名度はやや低い地味な地方大都市でしかなかった。多くの日本人にとっては、アル・カポネに代表されるギャングの街のイメージぐらいしかなかっただろう。

シカゴの後背地である中西部は延々とトウモロコシ、大豆畑が続く米国の典型的な農村地帯だ。「米国のハートランド」とも呼ばれ、人柄はおおむね素朴だ。古くからトウモロコシや大豆、食肉などの農畜産物の集積地として発展、自然と農産物取引の中心地ともなった。

1848年にシカゴ商品取引所（CBOT）が設立されて以来、シカゴは先物取引の中心地となり、金融都市としてのインフラも蓄積するようになった。シカゴの先物業界人の多くは、「シカゴは世界のデリバティブ取引の首都」というのが口癖で、プライドの源でもある。

世界最大の先物取引所CMEグループのレオ・メラメド名誉会長も「すべての産業、例えば自動車、航空機、繊維なども自分のキャピタル（首都）を持っている。米国では、ニューヨークは株式取引の首都だ。デリバティブ取引では、シカゴが世界の首都であり、今後もそうだろう」（2005年11月末のインタビュー）と語っている。

しかし、ニューヨークそしてウォール街が世界の金融センターとして常に脚光を浴びる中で、シカゴはどうしても陰に隠れがちで、金融都市としての生き残りへ強い危機感も抱き続けてきた。

メラメドCME名誉会長

そのシカゴにも、ニューヨーク・ウォール街発の金融バブルは津波のように押し寄せた。そのピークが徐々に近づいていた06年10月、シカゴの金融・先物業界としては歴史的なニュースが流れた。米国最大の先物取引所シカゴ・マーカンタイル取引所（CME）が同第2位で老舗のCBOTの買収を発表したのだ。

これは単に世界最大のデリバティブ取引所の誕生というだけでなく、シカゴでライバルとしてしのぎを削ってきた両取引所が、ついに長年の確執に終止符を打ち、大連合して世界の取引所間競争の覇権を目指す覚悟ができたことを象徴するニュースとして、シカゴの業界人にとっては感慨深いものだった。

同年6月にはニューヨーク証券取引所（NYSE）と欧州の証券取引所運営会社ユーロネクストが合併を発表していた。世界の取引所の大規模な再編の背景には、IT（情報技術）革命後、全世界の投資家らが24時間、パソコン上で簡単に売買注文、執行ができる電子取引システムの急速な普及と高度化があった。

さらに、中国やインドなど世界のエマージングマーケット（新興国市場）の急激な経済成長、経済のグローバル化、そして米国の金融緩和を背景とした過剰流動性の拡大、マネー経済の膨張がレバレッジを容易にし、再編を加速させた。

ちょうど、米国でエタノールなどのバイオ燃料ブームが最高潮に達しようとする中での、シカゴ先物市場の活況と業界再編劇は、農産物、エネルギーなどの商品市場が、金利、株式といった伝統的な金融市場と切っても切り離せない連動性を持ち始めたことをも雄弁に物語った。

ここでは、CMEとCBOTの大連合当時の、シカゴ市場と金融業界の激変ぶりを時事通信社のニューズレター「金融財政」（現「金融財政ビジネス」）に掲載された記事（07年3月末から4月上旬にかけ3回連載）に加筆修正して紹介することで、バイオ燃料ブームの背景の一つであり、08年の大投機相場につながる米国のデリバティブ（金融派生商品）市場の舞台裏を描写してみる（肩書などは当時）。

世界最大の先物取引所誕生

◆悲願だったシカゴ勢の統合

「われわれはきょう、シカゴが世界のデリバティブ（金融派生商品）、リスク管理の首都としての地位を守る〝宿命〟を履行した」――米国最大の先物取引所シカゴ・マーカンタイル取引所（CME）のレオ・メラメド名誉会長は2006年10月17日の合併記者会見で感慨深げにこう語り、CMEとシカゴ商品取引所（CBOT）との合併がシカゴの先物業界の長年の悲願だったことを強調した。

CMEは1898年に小規模な地方商品取引所として始まった。その後、メラメド氏のリーダーシップの下、商品から金融へ大きく軸足を移し、世界初の通貨先物や金利先物などを次々に導入、世界有数のデリバティブ取引所に発展していった。こうした功績からメラメド氏は「金融先物の父」とも呼ばれている。

この合併記者会見には多数の両取引所幹部が出席したが、両取引所の長年の競合の歴史を熟知する業界のドン、メラメド氏のコメントに合併の意義に関する最も深い含蓄が感じられた。同氏は合併について、「過去30年間育まれてきた目標であり、論理的で、不可避のものだった。ただ、時間が必要だった」とも語っている。

この合併は、CMEによるCBOTの買収の形を取り、買収額は80億ドル。新会社の名称は「CMEグループ」で、設立が1848年と現存する世界最古の先物取引所CBOTを、後発のCMEが名実とものみ込む形となった。

合併発表時の推計では新生CMEグループの1日当たり出来高は900万枚近く、名目の取引額は4兆2000億ドル相当で、当時トップの欧州金融先物取引所（ユーレックス）を上回り、世界最大の先物取引所の誕生となった。さらに、合併後の株式時価総額は約250億ドルと、ニューヨーク証券取引所（NYSE）と欧州証券取引所運営会社、ユーロネクストの合併後の新会社「NYSEユーロネクスト」の時価総額約200億ドルをも上回る世界最大の「取引所」ともなった。

◆電子取引をめぐる攻防前史

「CMEは20年前に電子取引システム『グローベックス』をスタートさせてから、世界の他の取引所のどこよりも常に先行してきた。他の取引所は（売買を成立させる）マッチング・エンジンの重要性だけにとらわれるという同じ間違いを犯してきた。しかし、CMEはマッチング・エンジンにつながる通信回線の速度の重要性に気付き、大容量の回線を整備してきたことが現在の優位性につながった」

米新興先物会社アドバンテージ・フューチャーズのジョセフ・ガイナン会長兼最高経営責任者（CEO）は2006年11月のインタビューで、CMEとその電子取引システム、グローベックスの強みをこう評価した。今や、金融、証券、商品どこの取引所も電子取引を導入しているが、いったん出来高が急増すると、すぐにパンクし、ダウンしてしまう電子取引システムも多い。早くから大容量の回線を整備し、電子取引システムを高度化してきたCMEは、少なくとも先物、オプションなどのデリバティブ取引分野での覇権を握りつつあった。

CBOTの立ち会い取引フロア

電子取引システムの整備をめぐる激しい競争はこれまでにも数多くあった。ドイツ取引所傘下のユーレックスは04年2月に米国子会社「ユーレックスUS」で、CBOTの主力商品である米国債先物取引をスタートさせ、欧州勢の米国殴り込みとして業界の大きな話題となった。ユーレックスはそもそも最初から立会取引場を持たない電子取引所としてスタートし、その効率性を武器に、一気に出来高ベースで世界最大の先物取引所にのし上がった。

これに対し、かつて世界最大の先物取引所だった老舗のCBOTはオープン・アウトクライ（公開呼び値）方式と呼ばれる伝統的な立会取引に依存し、電子化への対応は遅れた。ユーレックスの米国進出計画が明らかになって危機感を強めたCBOTは、ユーレックスの欧州のライバルであるユーロネクストLIFFEの電子取引システム「LIFFEコネクト」を採用、また、清算という取引所の基幹業務をライバルのCMEに委託するという大きな決断をした。

電子取引システムを刷新し、コスト削減を進めたCBOTは、ユーレックスUSに対抗して手数料の大幅引き下げも実施。そしてこの勝負の結果は予想外に早く出た。ユーレックスUSの米国債先物は思うように出来高が拡大せず、親会社のユーレックスは05年6月に早くもこの米子会社の業務縮小を発表。最終的には06年7月に英ヘッジファンド大手、マン・グループへの売却を決め、米国進出での事実上の敗北を宣言した。

この騒動のてん末は、電子化の進展により、取引所の競争に国境がなくなったことを示すとともに、立会取引場に固執する伝統的な先物取引所の意識変革を迫る形となった。ユーレックス撃退に成功したCBOTも、この騒動があったことで、昔は格下だったCMEに買収される心の準備ができたのかもしれない。

◆ICEの台頭と防戦するNYMEX

電子取引システムをめぐる攻防はエネルギー分野でより熾烈だった。その台風の目は、2000年5月に設立された新興のインターコンチネンタル・エクスチェンジ(ICE)だ。ICEの創業者のシュプレッッヒャー会長兼CEOは1990年代後半に、エネルギーの相対取引(OTC)市場の整備を狙いに、コンチネンタル電力取引所を買収、これを母体にICEを立ち上げた。世界の金融市場における電子取引革命は、エネルギー市場にも大きな機会と恩恵をもたらすとの信念からだ。

そして、2001年6月には老舗のロンドン国際石油取引所(IPE＝現ICEフューチャーズ)を買収、世界をあっといわせた。原油先物取引では、それまでIPEが北海ブレント原油、ニューヨーク商業取引所(NYMEX)が米国産原油の標準油種ウエスト・テキサス・インターミディエート(WTI)をそれぞれ上場、棲み分けができていた。しかしICEの新規参入で、エネルギー取引は戦国時代に入る。ICEは05年9月には、コーヒー、砂糖、綿花では世界最大の先物取引所ながら、やはり電子取引では立ち遅れたニューヨーク市商品取引所(NYBOT)を約10億ドルで買収すると発表。エネルギーから他の商品市場にも勢力を拡大することになった。

伝統的な立会取引市場だった旧IPEでは、ICEによる買収後、電子取引を開始。05年4月には立会取引を全廃、完全な電子取引市場に移行した。急速に出来高を拡大するICEに危機感を強めたライバルのNYMEXは、04年にアイルランドのダブリンで北海ブレントの立会取引場を開設、反撃を試みたが、立会取引にこだわったがゆえに、その目論見は不発に終わった。

ＮＹＭＥＸなどニューヨークの先物業界は伝統的に、「立会取引場のローカルズと呼ばれる地場業者の既得権益意識が強く、自分たちの職を危うくする電子化への抵抗はシカゴ以上に強い」（シカゴ先物業界筋）とされる。このためＮＹＭＥＸの電子取引システムの整備は大きく遅れた。独自で「アクセス」というシステムを構築したものの、「たびたびトラブルに見舞われる遅れたシステム」（同）と信頼性は低いままだった。

しかし、ＮＹＭＥＸはＩＣＥの急速な台頭にようやく重い腰を上げ、電子取引の本格整備へ舵を切り始め、05年2月に立会取引を行っている日中時間帯への電子取引の拡大を決めた。そのわずか2カ月後の4月には、ＮＹＭＥＸはＣＭＥと電子取引における提携を発表することになる。

「世界最大のエネルギー取引所であるＮＹＭＥＸと、早くて信頼性があり、世界中で使われているグローベックスという組み合わせは極めて強力だ」――ＣＭＥのダフィー会長は06年4月6日の電話記者会見で、ＮＹＭＥＸとＣＭＥの提携の意義についてこう語った。

発表では、ＮＹＭＥＸの原油、天然ガス、ガソリンなどのエネルギー先物からまず、ＣＭＥのグローベックス上での電子取引を開始。その後、ＮＹＭＥＸ傘下のニューヨーク商品取引所（ＣＯＭＥＸ）の金や銀、銅、アルミなどの金属先物も上場するとした。実際、エネルギーは06年8月に、金属は同年12月に、電子取引はすべて自前のシステムからグローベックスに移行した。

その後、ＮＹＭＥＸのエネルギー、金属先物取引におけるグローベックス上での出来高は予想通り急拡大した。また、石油先物におけるＩＣＥとの競合でも、グローベックス取引開始後、ＮＹＭＥＸ

が急速に巻き返した。

ただ、この提携はNYMEXにとって、ICEの攻勢を何とか食い止める役割を果たす一方で、グローベックスへの依存度が高まれば高まるほど、いずれ、CMEにのみ込まれてしまうのではというより重大な課題を突きつけた。実際、先物業界ではNYMEXが、CMEによる買収も含め、次の取引所業界の再編の主なターゲットになるとの声が多かった。

(「金融財政」2007年3月26日号から抜粋、加筆修正)

電子取引革命とCMEの台頭

◆老舗の凋落と復活

1848年に設立されたシカゴ商品取引所(CBOT)は現存する先物取引所としては世界最古とされている。デリバティブ(金融派生商品)取引のルーツであるトウモロコシや小麦、大豆などの穀物先物を主力商品とし、かつては長い間、世界トップの先物取引所としての地位に君臨してきた。

しかし、1998年にドイツ取引所とスイス証券取引所が共同出資で設立、電子取引のみでスタートした欧州金融先物取引所(ユーレックス)が、翌99年に早くも出来高の世界最高を記録したことで、

ＣＢＯＴは世界トップの地位から滑り落ちた。さらに、２００１年には、金融先物とグローベックスの成功で出来高を急増させたシカゴ・マーカンタイル取引所（ＣＭＥ）に抜かれ、米国ナンバーワンの座も奪われることになった。

ＣＢＯＴは１９９７年に世界最大の取引フロアを新設するなどの過大投資がたたり、２００３年ごろには、身売りの話も頻繁にうわさされるほど財務状況が悪化、危機に陥っていた。さらに、ユーレックスの米国進出という脅威にさらされる中、ＣＢＯＴはようやく電子取引システムの強化に本腰を入れ始めた。03年にはユーロネクストＬＩＦＦＥの電子取引システム「ＬＩＦＦＥコネクト」を導入、「ｅ－ｃｂｏｔ」と命名し、電子取引システムをグレードアップさせた。

ＣＢＯＴでも、米国債などの金融先物では以前から電子取引が主流になりつつあった。しかし、かつての主力商品である農産物先物では、農家や穀物流通業者などの市場参加者が伝統的にトレーダーとの直接取引を好み、電子取引には消極的だったことや、フロアトレーダーの雇用不安にも配慮し、電子取引が可能な時間を、立会取引を行っている日中以外の時間外取引に限定してきた。しかし、06年春になってようやく日中の立会取引時間帯での電子取引の開始を決断、同年8月から本格的な電子取引への移行に踏み切った。

その後は、予想通り、電子取引の出来高は急増、同年8月にはトウモロコシなど主要穀物先物の全出来高に占める電子取引の比率はそれまでの数%というレベルから、すぐに20～40%に上昇。07年１月にはトウモロコシ先物で57%まで達した。電子取引の急増により、ＣＢＯＴの06年の１日平均出来高は、農産物だけで、前年比40％増加、取引所全体でも20％増となり、5年連続で過去最高を更新した。

老舗としての伝統とプライドを引きずり、時代の流れになかなか乗り切れなかったCBOTも06年になって初めて地元の長年のライバルCMEへの巻き返し体制を整えたといえる。そして電子取引への本格移行への決断の効果が表れた始めたときに、CMEによる買収が決まった。

◆メラメド氏とCMEの発展

「1970年代後半に最初に合併案が浮上したが、このときはCBOTに比べ、CMEが小さすぎた。80年代後半に検討されたときにはCMEも発展し、CBOTに迫っていたが、CMEが電子取引を推進していたのに対し、CBOTは立会取引にこだわっていて違いが大きすぎた。そして今年になって、すべての条件がそろった。特に3年前に清算システムを統合したことも大きかった」

CMEのメラメド名誉会長は2006年12月のインタビューで、CMEとCBOTとの合併にいたる過去の経緯についてこう語った。合併発表時の声明でも、「現代の情報技術（IT）における電子化の基本概念をめぐって、両取引所の文化遺産が調和するのに時間が必要だった」と述べ、両取引所の電子取引に対する足並みがようやくそろい始めたことで、合併実現にいたったとの認識を示している。

CMEはCBOTに遅れること50年、1898年に「シカゴ・バター・アンド・エッグ取引所」としてスタートした。今でこそ、時価総額で世界最大の取引所になったＣＭＥだが、当初は実に小さな地方商品先物取引所にすぎなかった。１９５８年には、取引所幹部による相場操縦事件で、政府からタマネギ先物取引を禁止され、上場商品が卵先物の一つだけになり、取引所存続の危機を迎えたことすらある。こうした経緯は、当時、弁護士兼駆け出しのフロアトレーダーだったメラメド氏の著書『エスケープ・トゥ・ザ・フューチャーズ』（可児滋訳、ときわ総合サービス）に詳しい。

ポーランド系ユダヤ人の両親の一人っ子として生まれたメラメド氏は、ナチスの魔手から逃れる際に、日本のシンドラーと呼ばれるリトアニアの日本領事館の杉原千畝副領事によって、日本行きのビザを得て、両親とともにシベリア経由で日本に逃れ、その後、米国に渡った。このため、現在でも大の親日家で、77年にＣＭＥの会長退任後は、旧さくら銀行とメラメド氏の投資会社が共同出資したさくらデルシャーの会長を務めていたこともある。

◆ＩＭＭ、そしてグローベックス

ＣＭＥのイノベーションと発展の歴史はメラメド氏とともに歩んでいるといっても過言ではない。メラメド氏は１９６９年に37歳の若さで会長に就任して以来、会長退任後も含め、ＣＭＥで実に多くの業界の革新を実現させてきた。同氏は２００５年12月22日付の米誌フォーチュンとのインタビュー記事で、「私がＣＭＥのトップを引き継いだとき、バターは上場廃止され、卵の出来高はなくなり、事実上、商品は食肉しかなかった。私は、一つの商品しかない取引所の理事長になるのかと絶望的になった」と語っている。

メラメド氏が会長就任2年目の1971年8月には米国が米ドルの金との交換性を停止し、ブレトンウッズ体制の崩壊（ニクソン・ショック）、スミソニアン協定、変動相場制移行と国際金融市場の激変が始まった。当時、食肉先物を取引しているだけにすぎなかったCMEで、同氏は、通貨先物の上場を構想、ノーベル経済学賞受賞の故ミルトン・フリードマン氏の理論的サポートを得て、翌72年に国際金融市場（IMM）を設立、事実上世界初の金融先物となる通貨先物取引を開始した。これが、CMEの発展の礎になった。

その後、CMEは、ユーロ、ドルなどの金利先物、株価指数先物と、現在のCMEの中核商品となる金融先物を次々と上場していった。メラメド氏は76年にCMEがIMMを吸収した後の新生CMEの会長にも就任したものの、翌77年にまだ45歳の若さながら自らの意思で、会長職を辞任し、特別顧問（後、執行委員会議長に改称）に就任する。ただその後も、91年まで14年間同職にとどまりながら、重要プロジェクトの指揮を執り続けることになる。その最も大きなものが電子取引システム、グローベックスの導入だった。

CBOTの買収により、先物などデリバティブ分野では圧倒的な存在となるCMEを支えているのは、電子取引システム、グローベックスへの市場の信頼だ。グローベックスも、メラメド氏のアイデアから始まった。メラメド氏は87年にCME会員に対し、他の先物取引所に先駆けて24時間の電子取引システム、グローベックス構想を提案した。

しかし同構想は、当初はＣＢＯＴを巻き込んでいた（後に離脱）ことなどからさまざまな調整に時間を費やし、予定より2年近く遅れ、92年にようやくスタートした。

当時、自らグローベックス運営会社の初代理事長になり立ち上げ期に奔走したメラメド氏は、「われわれがグローベックスを考えついたのは一番乗りであったが、その実現は一番最後になってしまった。このため、グローベックスは、その魅力を大きく削がれ、われわれが他の取引所に対してグローベックスの導入を訴えていくにあたっては、苦しい戦いを強いられる結果となった」（『エスケープ・トゥ・ザ・フューチャーズ（下）』）と語っている。しかし、その本格的な電子取引システムに対する信念は、その後大きく実を結ぶことになった。

◆〝シカゴ・メラメド取引所〟

「ＣＭＥは、テクノロジーについて顧客と常にオープンに、正直に話し合える文化を持っているのも大きい。システムトラブルなどについても顧客の声に謙虚に耳を傾けてきた」

米新興先物会社アドバンテージ・フューチャーズのジョセフ・ガイナン会長兼最高経営責任者（ＣＥＯ）は2006年11月のインタビューで、ＣＭＥの姿勢をこう高く評価した。同会長によると、電子取引システムでは頻繁にトラブルが起こるが、多くの取引所が、顧客からのクレームに対し、何か問題があるのかといったお役所的な対応になるが、ＣＭＥはすぐに担当者が飛んできて、改善点について顧客の意見を求め、対応してくるという。

また、CMEは00年に会員組織から株式会社に転換、02年12月にはニューヨーク証券取引所（NYSE）に上場した。これらは、いずれも米国の主要取引所としては初めてであり、その後の取引所の株式会社化、新規株式公開（IPO）ブームの先鞭をつけた。そして、株価も上場後ほぼ右肩上がりが続いた。

メラメド名誉会長は06年12月のインタビューで、「4年前にCMEが、昨年CBOTがIPOしたことも重要だ。公開市場で価値が決まれば、買収価格の議論がやりやすくなる。価値の評価は、IPOの前は主観的で、IPO後は客観的になるということだ」と語り、IPOがCBOTの買収合意の一つの決め手になったとの認識を示した。

シカゴのある先物業界のベテランジャーナリストは、パーティー会場で、「CMEって、何の略語だか知っているかい。シカゴ・メラメド取引所さ」と業界のジョークを教えてくれた。1990年に完全引退を宣言したはずのメラメド氏だが、今なお、最前線でCMEを引っ張っている。そして、その一つが日本を含めたアジア戦略だ。

（「金融財政」2007年3月29日号から抜粋、加筆修正）

市場経済のグローバル化と取引所

◆デリバティブを目指せ

シカゴ・マーカンタイル取引所（ＣＭＥ）の電子取引システム「グローベックス」の成功は、情報技術（ＩＴ）革命と一段とボーダーレス化する世界経済を反映したものだ。世界のどこにいても、24時間どんな商品でも売買できるとなれば、そこでは、取引所の所在地、そして物理的なスペースはほとんど意味がなくなる。２００６年ごろに金融、証券、商品、そして各デリバティブ（金融派生商品）取引所で相次いだ再編劇は、こうした時代背景があったことはいうまでもない。

一方で世界的なカネ余りは、ヘッジファンドや、プライベート・エクイティー（未公開株）投資ファンドといった市場原理主義を体現する業界の隆盛をもたらし、デリバティブ取引所の繁栄につながった。そうした中で、先行する欧米の取引所は、現物からデリバティブへの傾斜を強めるとともに、再編が成熟化しつつある欧米市場から、高度経済成長が続きながらも、マーケットが未整備なアジア地域の取り込みにも照準を合わせつつあった。

ニューヨーク証券取引所（ＮＹＳＥ）の持ち株会社ＮＹＳＥグループと欧州の証券取引所運営会社

ユーロネクストは06年6月1日に合併合意を正式発表した。ユーロネクストに対しては、ドイツ取引所も合併提案をしていたが、大西洋をまたいだ初の証取合併計画に軍配が上がった。合併新会社「NYSEユーロネクスト」の時価総額は当時約200億ドルと、世界最大の証取運営会社となった。しかし、それでもシカゴ商品取引所（CBOT）吸収後のCMEグループの250億ドルには及ばなかった。

NYSEグループの当時のパトナム社長兼共同最高執行責任者（COO）は、CMEとCBOTの合併が発表された直後の06年10月19日に記者団に対し、新生CMEグループの方が、時価総額が上回ってしまうことについて、「時価総額の比較には意味がない」と答える一方で、CMEに対抗するため、「可能な限り早期に先物取引に参入する」と述べ、ライバル心をむき出しにした。

世界最大の証券取引所としてそのステータスも高いNYSEが、なぜユーロネクストとの合併を急ぎ、さらに、先物などのデリバティブ市場への参入を急ごうとしているのか。それは、世界の先物市場の急拡大ぶりを見れば納得できる部分もある。国際的な先物業界団体、先物業協会（FIA）によると、06年の世界全体の先物取引の出来高は前年比19％増の約119億枚で、00年との比較では約4倍に急増していた。

証券取引所に比べ、穀物や豚肉などの農畜産物を主な上場商品としていたCMEやCBOTなどの商品先物取引所は、長い間、地位や知名度も低いローカルマーケットでしかなかったが、CMEが1972年に初めて金融先物に進出して以後、通貨先物、金利先物、米国債先物、株価指数先物、そし

図表3-1　CMEグループの商品群別出来高シェア（2009年）

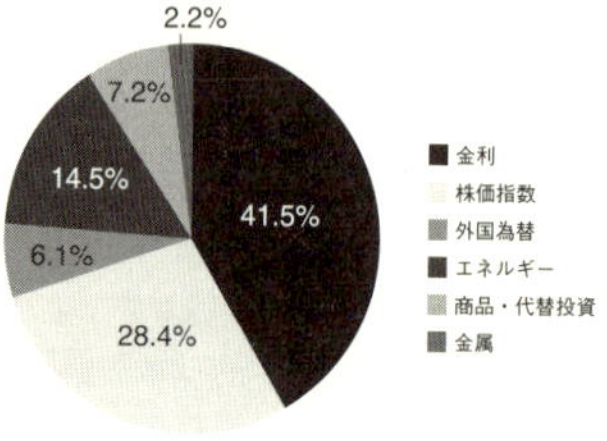

て各オプション取引と次々に有力商品を上場、出来高は年々拡大していった。かつての〝商品先物〟取引所はただ〝先物〟取引所、あるいはデリバティブ取引所と呼ばれるようになり、ウォール街の大手金融機関にとっても欠かすことのできないリスク管理市場に飛躍した。

例えば、２００６年のＣＭＥの１日当たり出来高の商品群別シェアは、金利関連が57・６%、株価指数関連が32・５%、外国為替関連が８・４%、残り１・５%が商品その他で、99%近くが金融がらみだ。ＣＢＯＴでも、06年は農産物が15・９%、金属関連が１・５%で、残り約83%が金利と株価指数だ。

ちなみに、よりコモディティーの比率が高いＣＢＯＴとＮＹＭＥＸを傘下に収めた09年のＣＭＥグループの商品群別シェアも見ておこう（図表３-１参照）。金融商品のシェアは76%まで低下する一方、商品・代替投資とエネルギー、金属が合計で24%まで回復している。

もともと穀物から始まり、その他農産物、金属、エネルギーへと拡大していった先物取引は、もはや、商品先物というより、金融デリバティブの世界になっている。ＣＭＥなどの先物市場とＮＹＳＥなどの証券市場との大きな違いは、ＣＭＥなどが今のところ、株式の現物取引を行っていないことぐらいだ。

◆欧米からアジアへ

ＮＹＳＥとユーロネクストの合併、そしてＣＭＥとＣＢＯＴの合併と続いた大型再編により、世界の取引所業界は時価総額順で、ＣＭＥグループ、ＮＹＳＥユーロネクスト、ドイツ取引所と傘下の欧州金融先物取引所（ユーレックス）が3大勢力となり、これに、ニューヨーク市商品取引所（ＮＹＢＯＴ）を買収したインターコンチネンタル・エクスチェンジ（ＩＣＥ）、英ロンドン証券取引所、米ナスダック市場を運営するナスダック・ストック・マーケットなどと続く構図となった。

一方で、「欧米の取引所の再編は徐々に成熟化しつつあり、次のターゲットはアジアだ」との声が一段と強まっていた。そうした中、２００７年1月末、ＮＹＳＥと東京証券取引所は、上場投資信託（ＥＴＦ）の相互上場や金融商品の共同開発、取引システムでの協力などで提携合意をしたと正式発表した。東証の株式上場を前提に、資本提携に向けた協議を本格化させるとしている。ＮＹＳＥにとっては、東証との提携を経済成長の続く中国などアジアへの進出の足がかりにするという狙いがある。

新生CMEの取引開始

さらに、東証はＣＭＥとも提携交渉を進めた。ＣＭＥの関係筋などによると、東証の日本国債先物をＣＭＥの電子取引システム「グローベックス」に上場することが大きな狙いだった。東証にとっては、世界の電子取引システムの標準となりつつあるグローベックスに乗せることで、海外投資家の取り込みを図ることができる。一方、CMEにとってはアジアの投資家のグローベックス参加の呼び水にできるという大きなメリットがある。ただ、この提携構想は当局への手続きなどの問題で、その後とん挫した。

世界の取引所の中でもCMEはアジア戦略に最も熱心な取引所の一つだ。CMEの中では、メラメド名誉会長がアジア戦略を自ら担当している。ポーランド系ユダヤ人として、日本のシンドラーと呼ばれるリトアニアの日本領事館の杉原千畝副領事の発給したビザでナチスの魔手から逃れたという経緯もあり大の親日家であった同名誉会長は過去数年、中国や日本を中心に、アジアの取引所や当局との交流を深めてきた。

CMEは既に、中国、韓国、シンガポール、日本などの多数のアジアの取引所と覚書を取り交わし、市場育成のサポートをしてきた。そして、05年6月にシンガポールに通信拠点を設置し、グローベックスのアジア展開を本格化させた。

さらに、過去数年メラメド名誉会長が最も力を入れているのが、中国、インドだ。例えば、03年10月には、中国人民銀行傘下の中国外為取引システム（CFETS）と覚書を締結。06年3月には、中国の金融機関および投資家らがCMEの電子取引グローベックスでの外国為替および金利の先物・オプション取引に参加できるようにすることで合意している。そして、同年8月にCMEは、人民元の先物・オプションをグローベックスに上場した。

中国の金融・証券市場は自由化の進展過程で、大きな混乱を経験してきたが、メラメド氏は、05年

11月のインタビューで、「中国のデリバティブ市場の発展には極めてポジティブだ。その発展が遅いという米国の市場関係者も多いが、こうした考えには同意しない。中国の当局が極めて慎重に対応しているだけだ」と力説した。同氏は中国、そしてインドが今後、10～20年間の世界経済の機関車役になるとし、両国の市場整備が急務だと改めて訴えていた。

◆ヘッジファンド化する経済

ＣＭＥとＣＢＯＴとの合併という大ニュースから先物業界がまだ覚めやらぬ２００６年11月28日、ＦＩＡ主催でシカゴで毎年開催される国際展示会「フューチャーズ・アンド・オプションズ・エキスポ」のパネルディスカッションに、ＣＭＥ、ＣＢＯＴ、ユーレックス、ユーロネクスト、ニューヨーク商業取引所（ＮＹＭＥＸ）、ＩＣＥなどの世界のデリバティブ取引所のトップが勢ぞろいした。

当然、取引所再編の話が最大のテーマとなったが、同時に、デリバティブ市場におけるヘッジファンドの重要性の高まりについても活発な議論が行われた。ＣＢＯＴのバーニー・ダン社長兼最高経営責任者（ＣＥＯ）は、「ヘッジファンドは過去3～4年間の発展分野だ」とした上で、ＣＢＯＴも手数料軽減などで、積極的な呼び込みを図っていると強調。また、ＣＭＥのクレイグ・ドナヒューＣＥＯは、ヘッジファンドを呼び込むには、「透明性、テクノロジー、電子取引がカギを握る」との認識を示した。

米経済は当時、超低金利政策を続ける日本などから引っ張ってきた低コスト資金にレバレッジを利かせて、マネーを際限なく膨張させ、景気を底上げし、実体経済の失速を回避した。こうした錬金術の中核がデリバティブ取引であり、これをフル活用するヘッジファンドの隆盛があり、デリバティブ取引所はわが世の春を謳歌した。

英経済誌エコノミストは06年8月3日号で、英ヘッジファンド大手マン・グループがユーレックスの米国子会社を事実上買収することで合意したことに関連し、ヘッジファンドとデリバティブ取引所の関係を論評している。

「現在、世界で1兆ドル以上の資産を運用するヘッジファンドは、金融市場での最も活発なトレーダーだ。最近の調査報告によると、大手の株式ブローカーの全収入の半分がヘッジファンドからの注文だという。デリバティブ取引ではヘッジファンドのシェアはもっと大きくなるだろう」

その上で、ヘッジファンドの影響力の高まりで、取引所は彼らの取り込みにより熱心になり、特にＣＭＥが最もこうした傾向が目立つとした。

同誌はまた06年2月2日号で、ヘッジファンドと「アルゴリズミック・トレーダー」の増加により、取引所のＩＴ、電子取引システムのより一層の強化と投資が不可欠になってきているとの認識も示している。アルゴリズミック・トレーダーとは、コンピューターの自動取引プログラムに基づき、小さな取引単位で短い間に相当数の売買注文を繰り返す投資家だ。同誌によると、主要株式市場における1取引における平均売買株数が、１９９０年代半ばの２０００株から、４００株に急低下しているという。

そして同誌は改めて取引所の出来高に占めるヘッジファンドとアルゴリズミック・トレーダーのウエートが一段と高まっていると指摘。例えば英ロンドン証券取引所では、このアルゴリズム取引は、全出来高の約40%を占めるようになったと紹介している。

ちなみに、商品先物市場では数年前から、商品インデックス（指数）ファンドという新たな投資家が参入し、相場に大きな影響を与え始めていた。先物取引所は、かつては主な参加者は農家や流通業者などのヘッジャーと、ローカルズと呼ばれる地場業者が中心の市場だったが、こうした新たな投資家の急増で、電子取引システムの重要性が一段と増してきている。

◆世界に拡散する市場原理主義

現在の先進国の市場経済化における理論的支柱となった米国の代表的経済学者で、ノーベル経済学賞受賞のミルトン・フリードマン氏が２００６年11月16日、94歳で死去した。フリードマン氏は、金融政策の中で通貨供給を重視し、市場原理に信頼を置く「マネタリスト」の代表。そして、１９４６年から76年までシカゴ大教授を務めた、いわゆるシカゴ学派の重鎮だ。

同氏は71年に、「通貨先物市場の必要について」との論文を執筆、ＣＭＥによる通貨先物市場の創設にかかわり、伝統的な農産物先物市場から金融市場に発展する際に理論面からサポートした。

ＣＭＥのメラメド名誉会長は、フリードマン氏の死去に際し、「20世紀の最も偉大な経済学者で、世界中の歴史と人々の人生を変えた。彼の人生、彼の教え、彼の英知の結果、世界は実際、より良い場所になった。彼のアイデアはわれわれを突き動かした。個人的にも、私の良き師であり、自由市場の原理を代表して共通の利害を目指した最も親しい仲間だった」との弔辞を寄せている。

メラメド氏の著書『エスケープ・トゥ・ザ・フューチャーズ』には、メラメド氏がＣＭＥに通貨先物を導入する際にフリードマン氏に、理論的サポートを求めるシーンが印象深く表現されている。

「われわれがフリードマンと初めて会って話したとき、彼は、マーカンタイル取引所のことや、その幹部の顔ぶれについてあまり知識はなかった。しかし、フリードマンは、われわれの構想自体は優れたものであることを十分に認識してくれた」

フリードマン氏の教え子で、自身も92年にノーベル経済学賞を受賞したシカゴ大学のゲイリー・ベッカー教授は２００６年11月のインタビューで、「特に市場原理の確立では大きな影響を与えた。世界は彼の示した方向に向かっていったといえる。また、ＣＭＥでの通貨先物市場の創設でも重要な役割を果たした」と語っている。

ソ連邦が崩壊し、中国も英米が先導してきた市場経済に積極的に身を投じる中で、市場原理主義に異議を唱える国はほとんどなくなっている。全世界が本来的に弱肉強食の世界に突入しているわけだ。ヘッジファンドやデリバティブ取引所の繁栄はこうした状況の忠実な反映でもある。そして、その電子取引システムの高度化は、市場原理の透徹に伴うスプレッドの縮小に大きく寄与している。先進国でのスプレッド縮小により、欧米金融業界はまだスプレッドが残っていると思われるアジアなどの未成熟市場の開拓に走っている。それは国際金融市場の一段の競争激化、世界の経済、社会のフラット化への道筋でもある。

（「金融財政」2007年4月2日号から抜粋、加筆修正）

その後のシカゴ先物市場

◆金融市場混乱下でも活況続く

2007年後半から、いわゆる低所得者向け高金利型（サブプライム）住宅ローン問題に象徴される米国の住宅バブル崩壊と信用不安の拡大で、世界の金融市場の大混乱が始まる。当然、CMEグループなど世界のデリバティブ取引所も多大な影響を受けることになる。

しかし、少なくともリーマン・ブラザーズの経営破たんまでは、先物やオプションなどデリバティブ（金融派生商品）取引所では空前の活況が続いた。金融市場の動揺は世界の投資家のヘッジ取引ニーズを高め、先物やオプション取引所の出来高は膨らみ、逆に市場の隆盛に弾みがついた。世の中が不安定になればなるほど、取引所は儲かる仕組みだ。

08年3月中旬、米フロリダ州のリゾート地、ボカラトンに、世界の金融、証券、商品先物の取引所や、大手金融機関、先物取引会社などの幹部が一斉に集った。ワシントンに本部がある業界団体、先物業協会（FIA）が主催する恒例の年次総会出席のためだ。この年は、3月12日から4日間の日程で行われ、筆者も初めて取材で参加した。

07年のこの総会の最中には、シカゴ・マーカンタイル取引所（ＣＭＥ）によるシカゴ商品取引所（ＣＢＯＴ）買収計画に、突如、新興の電子取引所、インターコンチネンタル・エクスチェンジ（ＩＣＥ）が割り込み、ＣＢＯＴ対抗買収の名乗りを上げるというニュースが飛び込み、総会の話題をさらった。

08年の総会では、ＣＢＯＴ買収で世界最大の先物取引所にのし上がったＣＭＥグループがこの年の1月末に発表したニューヨーク商業取引所（ＮＹＭＥＸ）買収計画が話題の中心だった。特に、この案件の独占交渉期限が3月15日に設定されていたことから、総会中にも何らかの発表があるのではと注目が集まった。

実際には、ＣＭＥによるＮＹＭＥＸ買収合意発表は総会閉幕後だった。ただ、業界のガリバー化しつつあるＣＭＥグループの市場支配力をどう受け止めていくかも総会の大きなテーマとなった。

ＦＩＡによると、全世界のデリバティブ取引所の08年の先物、オプションの合計出来高は１７６億５２７０万枚と、前年比13％増加した。過去数年間の伸び率と比較すると、04年９％増、05年12％増、06年19％増、07年の31％増まで拡大ペースが一段と加速された後、08年になってようやく伸びが鈍化した形だ。

◆CMEの米国制覇――NYMEX買収

ボカラトンでのFIA年次総会終了直後の2008年3月17日、世界最大の先物取引所、CMEグループによるNYMEXの買収合意が正式発表された。買収総額は約94億ドルだった。

CMEにとってはこれまで欠けていた石油などのエネルギーも品ぞろえに加わり、金融、株価指数、商品など米国のほぼすべての主要投資資産を網羅する巨大デリバティブ市場の誕生だ。

買収後のCMEの米国内の先物および先物オプション市場での出来高シェアは約87％（07年、FIA提供）で圧倒的となり、今後は欧州などの取引所との競争や、証券取引所との垣根を越えた争いが焦点とされた。

実は、両取引所は既に、06年6月から世界の有力な電子取引システムとなったCMEの電子取引システム「グローベックス」上にNYMEXのエネルギーなどの商品を上場する提携関係に入っていた。つまり、この時点で、CMEによるNYMEX買収は半ば既定路線化していたといってもよい。

既に見たように、CBOTの買収でも、03年に清算という先物取引の基幹業務をCBOTがCMEに委託したことが長年の地元ライバル同士の統合の伏線となった。

結局、CMEによる米国市場のほぼ完全制覇は、電子取引システムへの徹底した先行投資、そして清算業務という一見、地味ながら先物市場にとっては最も重要な業務を着実に強化してきた長期戦略が功を奏した。買収合意の記者会見には、CME側からドナヒュー最高経営責任者（CEO）のほか、「金融先物の父」、レオ・メラメド名誉会長も登場した。

メラメド氏は会見で、「われわれは電子取引プラットフォームを魅力的にするために、長年、グローベックスを育ててきた」と述べ、CBOTとNYMEXなど世界の取引所がこのグローベックスに集まりつつあると自信を示した。

実は、業界では05年末に、CMEがNYMEX株式の取得に乗り出す可能性があるとのニュースが伝えられたことがある。同年12月14日付の米紙ウォール・ストリート・ジャーナルは、CMEによるNYMEX株取得の非公式の話し合いは同月上旬に、CMEのメラメド名誉会長とNYMEXのグッドマン元会長との間で始まったとしている。CMEによるCBOT買収だけでなく、NYMEX買収でもメラメド氏の長年の強い思いが実現したといってもよい。

◆先物業界のIT産業化

CMEのNYMEX買収により、先物取引会社や投資家らは、CMEグループの清算機関、そしてグローベックスの電子取引システムに参加さえすれば、米国のほぼあらゆる金融、証券、商品のデリバティブを売買できることになった。

NYMEXのCMEグループ合流で、米国内の先物取引所再編の残る焦点は、2007年にCMEによるCBOT買収に待ったをかけたこともあるNYMEXのライバル、ICEやシカゴ・オプション取引所（CBOE）ぐらいとなった。

また、CMEの米国制覇はデリバティブ取引所業界がもはやシステム産業と化したことも明確に物語った。08年のＦＩＡのボカラトン総会に参加したある業界関係者はこう指摘した。

「この会議は、昔は取引所にどのような先物、オプションを上場すべきかといった商品の問題が話題の中心だった。しかし、今やＩＴ（情報技術）、システムが最大のテーマになっている」

世界の先物、オプションなどのデリバティブ取引所では、ＣＭＥグループ、欧州の証券取引所運営会社ユーロネクストを傘下に収めたＮＹＳＥユーロネクスト、ドイツ取引所傘下のユーレックスが３大勢力となり、それぞれが独自の電子取引システムを持ち、しのぎを削っている。このほか、米ナスダック市場を運営するナスダック・ストック・マーケットの傘下入りすることになった北欧の証券取引所運営会社ＯＭＸの電子取引システムも世界でシェアを伸ばしつつある。

こうした世界の取引所の取引システム強化の中で、大きく出遅れたのが日本の取引所だ。ＣＭＥ躍進の秘密は、顧客ニーズに合わせた、回線容量の積極的な拡大による売買執行のスピードアップやカスタマーサポートの強化だと指摘されている。対応の遅れた日本の証券や先物取引所は、独自のシステム開発を断念、ＮＹＳＥユーロネクストの電子システム「ＬＩＦＦＥコネクト」やＯＭＸのシステムを採用しつつある。

日本の証券、先物取引所でも再編は進みつつあるが、世界の趨勢からは大きく取り残されている。特に商品先物取引所は、過去数年、世界の商品先物市場が空前の活況を続け、急拡大する中でも、制度改革の痛みが続き、業界、市場とも縮小傾向に拍車がかかるという惨憺たるありさまだ。総合取引所構想など日本でも始まった変革や再編の動きが加速するかどうかは、世界の有力電子取引システムの陣取り合戦にどうかかわっていくかにも左右されそうだ。

◆活況、2008年末にようやくピーク

CMEグループによると、2008年の1日平均出来高(CME、CBOT、NYMEXの合計)は前年比4%増の1299万2000枚だった。年間合計出来高は約33億枚で、8年連続で過去最高を更新した。

また、NYMEXを除くCMEとCBOT合計の1日平均出来高は同2%増の1121万9000枚。このうち、グローベックスでの電子取引は、同9%増の928万9000枚で、電子取引比率は83%に達した。立会取引の出来高は同23%減だ。CME、CBOT合計の商品分野別の1日平均出来高は、金利が608万5000枚と同12%減と低迷。しかし、E-ミニ株価指数が同37%増の347万3000枚となったほか、外国為替は同10%増の52万4000枚、商品およびオルタナティブ投資は同11%増の84万8000枚と好調を維持した。

一方、NYMEXを見ると、1日平均出来高は同19%増の177万3000枚。このうち、電子取引はNYMEXが同23%増、ニューヨーク商品取引所(COMEX)が同62%増と大幅に拡大。半面、立会取引は、NYMEXが同18%減、COMEXが同15%減だった。

こうしたデータを見る限り、世界最大の先物取引所CMEグループは電子取引の拡大を強みに金融危機の荒波を乗り切ったようにみえる。ただ、やはりリーマン・ショック後には、信用危機を背景としたリスクマネーの急縮小から、特に08年11月からは前月比、前年同月比でマイナスに転じる。

08年10月の1日平均出来高（CME、CBOT、NYMEXの合計）は前年同月比13％増の1249万6000枚だったが、これをピークに、11月は同29％減、12月は同29％減と落ち込みが続く。そして、年が開けた09年1月は前年同月比41％減となるなど、減少に拍車がかかった。

その後、出来高はいったん持ち直すが、結局09年通年の1日平均出来高は前年比20％減の1025万8000枚にとどまった。特に金利が同30％減、株価指数が同20％減と、主力商品の低迷が響いた。

CMEなど世界の先物市場にとって、今後の課題は、08年の大投機相場の反動としての各種の規制強化機運の高まりにどう対処していくかだ。一方で、金融危機の主犯の一つとされる、企業の破たんリスクをカバーする保険商品の一種、クレジット・デフォルト・スワップ（CDS）などの相対取引（OTC）デリバティブに対する規制強化で、これらを取引所に呼び込めるか。金融規制を大きく軌道修正しようとしているオバマ政権の動向を注意深く見守ることになる。

第4章

2008年の大投機相場

第4章では、2008年6~7月をピークとする原油、穀物の大投機相場の真因を探る。これら商品相場の高騰は当初、中国など新興国の高度経済成長、所得向上による現物の需要急拡大が原因だと説明され、バイオ燃料も食料価格高騰の犯人扱いされた。しかし、米議会で始まった議論の中で、商品指数ファンドという新規参入の投機マネーが相場高騰に拍車を掛けた実態が浮かび上がってきた。それは強欲なウォール街の巨額の投資資金が抜け道を利用して、商品市場に本格参入してきた姿を見せつける形となった。

2008年6月中旬、筆者は多少早めの夏季休暇を取り、米国でも最も有名な観光地の一つグランドキャニオンから西海岸のロサンゼルスへと抜けるドライブ旅行に家族で出かけていた。

実は、5月下旬から米中西部の穀物産地では豪雨が続き、トウモロコシや大豆畑が冠水し始めていたため、穀物相場をカバーする記者としてはちょっと気になりながらの旅だった。しかも、原油市場での空前の投機相場に追随して穀物価格も既に史上最高値付近で推移していたときだ。

観光を終えてホテルに戻り、テレビをつけると、アイオワ州、そしてシカゴのあるイリノイ州も含め全米最大の穀物産地を縦断するミシシッピ川流域の堤防があちこちで決壊し、住宅地からトウモロコシ、大豆畑も冠水している映像がほぼ連日のように流れてきた。

中西部、そしてシカゴ周辺も土地が極めて平坦なため、洪水による住宅地や農地の冠水は頻繁にある。しかし、このときのミシシッピ川などの氾濫はかなり大規模で、農作物への被害も相当になりそうなことがすぐにわかった。実際、既に高騰していた穀物相場は、トウモロコシ、そして大豆が相次いで史上空前の高値に突き進んでいく。休暇を終え、シカゴ支局に出社して08年の穀物相場の高騰がピークを迎えたことを再確認することになった。

07年、そして08年は、食料、農業問題に全世界の注目が集まった現代では極めてまれな時期だったかもしれない。米国の各メディアは何度も、アフリカ、中南米で食料不足による暴動が起こっている様子を伝えた。日本のテレビ局も、NHKだけでなく民放も相次いで米中西部に出張取材に来て、日本の大手商社などのアレンジで、農家や穀物取引所、そしてエタノール工場からリポートする番組を制作していた。

07～08年の原油、そして穀物の歴史的な「大投機相場」は、チャートを一目見るだけでその異例さがわかる（P135図表4－1参照）。過去数年続いていた商品相場ブームについて当初は、中国やインドなど新興国の高度成長、生活水準の向上が主因だと説明された。そして穀物相場の高騰では、トウモロコシや大豆などを原料とするバイオ燃料ブームの副作用が大きいと批判が一気に高まった。

しかし、08年春から米議会では、商品指数ファンドなどの投資あるいは投機資金が大きな役割を果たしているのではとの問題意識も急浮上した。

米国の低所得者向け高金利型（サブプライム）住宅ローン問題に象徴される住宅バブル崩壊は、米連邦準備制度理事会（FRB）による急ピッチの金融緩和につながり、過剰流動性、つまりカネ余りが再び拡大。年金基金などの大手機関投資家は運用資金の増加と運用先難から、商品市場への投資を本格化させた。株式や債券市場に比べはるかに規模の小さな商品市場は突然殺到したマネーに市場構造が劇的に変化し、そのひずみが一気に噴出した。

その後、米国の住宅バブル崩壊はいわゆる「リーマン・ショック」をもたらし、市場経済システムや信用創造機能を麻痺させ、米国は大恐慌以来とされる危機を迎えた。世界経済も一気に後退に向かう中で、商品需要も一気に冷え込むとの見方から米国の商品相場は08年7月を境に暴落局面に転じた。

歴史的な穀物相場の高騰

◆小麦からコーン、大豆に波及

２００８年までの数年間の米国の主要穀物相場を簡単に振り返ってみよう。米国で主要３穀物とされるのは、小麦、トウモロコシ、大豆だ。一般的に世界３大穀物と呼ばれるのは、小麦、コメ、トウモロコシだが、米国ではコメは主食ではないので、生産量も相対的に少なく、食用油や飼料の原料となる大豆がコメ以上に重要な農産物となっている。

米国の主要穀物の中でも、特にトウモロコシは、09～10年度推計では世界の生産量の約42％、世界の輸出量の約65％と圧倒的なシェアを持つ国家戦略商品だ。大豆は近年、ブラジル、アルゼンチンの増産基調からシェアは徐々に低下しつつあるが、それでも、生産量で世界の約36％、輸出量で約45％程度ある。一方、小麦は全世界で広範に生産され各国の自給率も高いことから、生産量で約１割、輸出量で約２割にとどまっている。

トウモロコシ、大豆、小麦の世界の指標市場になっているのが、シカゴ商品取引所（ＣＢＯＴ＝現在ＣＭＥグループ傘下）の先物相場だ。

トウモロコシ先物相場は、過去には例えば1996年には2年続きの天候不順、中国の大量買い付けから在庫が急減し、1ブッシェル（約25・4キログラム）＝5・5ドル台に急騰したこともあるが、通常は2ドル台で推移することが多かった。

しかし、2006年に入り、当時のブッシュ米大統領のバイオ燃料生産促進の大号令などをきっかけに、エタノールブームが勃発、原料トウモロコシ需要が拡大、相場の急上昇が始まった。07年になると、オーストラリアや欧州などで干ばつが相次ぎ、小麦の不作が深刻化、小麦相場も従来の1ブッシェル（約27・2キログラム）＝3ドル前後から、07年末には一気に10ドル付近まで急騰。トウモロコシ相場もさらに押し上げられた。

この結果、世界各地で小麦とトウモロコシという飼料穀物の作付面積が急拡大、そのあおりで、07年の米国での大豆作付面積が急減、最後に大豆相場にも火がついた。06年ごろは1ブッシェル（約27・2キログラム）＝6ドル近辺で推移していたCBOTの大豆先物相場は、07年末には12ドル台と倍の水準まで高騰した。

こうした穀物相場の相次ぐ急上昇は08年に入ってさらに加速され、アジアなど開発途上国の主食であるコメにまで波及したことで、世界中で食料危機論が噴出した。これは、05年ごろから顕著になり始めた、原油などエネルギー、金や銅などの非鉄金属といった商品市場全般の相場上昇の一環でもあった。

その背景には、中国など新興国の経済爆発があり、所得向上により食生活の急激な欧米化もさらに進み、中長期的にも食料や資源のひっ迫が深刻化するとの危機感が一気に高まったことがあった。そして、エタノールなどのバイオ燃料の生産急増などを材料に、投機資金が大量に流入、相場高騰に拍車がかかった。

◆ミシシッピ川の氾濫で史上最高値

2008年の原油相場は完全な投機相場の様相を呈していた。02年初めの20ドル割れの水準からじりじりと上昇を続けてきたニューヨーク商業取引所(NYMEX)の原油先物相場(米国産標準油種WTI)は特に、07年後半から上昇に弾みがつき、08年初めに一気に1バレル=100ドルを突破。そして同年5月以後は、連日のように高値更新ペースが続き、7月11日の史上最高値147ドルまで突き進む。

こうした中で、穀物市場でも集中豪雨に伴う主産地、ミシシッピ川流域での洪水がダメ押しとなり、トウモロコシ、大豆相場は相次いで史上最高値を更新した。

長雨が続いた6月上旬の段階で、市場では「主産地のアイオワ州では、ぬかるんでいるというより、完全に水浸しになった農地が全体の5%に達している。土壌流出の懸念すらあり、大豆の作付けも相当遅れそうだ」(日系大手商社)といった話が伝えられ、トウモロコシ先物相場は指標の7月物で1ブッシェル=7ドルを突破し、高値更新ペースが続いていた。トウモロコシ、大豆相場とも頻繁に制限値幅の上限まで急伸するストップ高を記録した。

そして、6月中旬にはミシシッピ川などで相次いで堤防が決壊、農地冠水被害も拡大、穀物相場上昇を加速した。トウモロコシ先物は、降雨が続いたことや、原油相場が140ドルを上回る異常な高騰となったことから、6月26日には、7・95ドルの史上最高値をつけた。大豆先物7月物は同月30日に、1ブッシェル＝16ドルの大台を突破、この年の3月につけた史上最高値を更新。その後も、連日最高値を更新して、7月上旬に16・60ドルまで買い進まれた。

こうした異例の相場高騰を受けて、米議会では、原油や穀物など商品先物市場における投機抑制をめぐる激論が始まった。6月26日には連邦下院は、先物市場の監督当局の商品先物取引委員会（CFTC）に原油市場での過剰投機を抑制するための緊急措置を発動させる法案を承認。このとき、米議会では商品市場での投機対策がらみでは約15本もの法案が審議されていたという。しかし、原油相場、穀物相場ともこうした動きをあざ笑うかのように、連日、史上最高値を更新した。

ただ、この08年6月末から7月初めにかけてさすがに原油、穀物相場とも過熱感はピークに達し、大天井をつけることになった。

結局、主要商品相場は「当限《とうぎり》」と呼ばれる最も売買期限が近い先物で、トウモロコシは、08年6月末の最高値7・6ドルまで、1年前の約2・4倍に、2年前の約3・5倍の水準になった。大豆は08年7月初めの最高値16・6ドルまで、1年前の約2倍、2年前の約3倍に。小麦相場は、08年2月の最高値13ドルまで、1年前からは約3倍、2年前からは約4倍の水準に上昇した。さらに、原油相場は08年7月の147ドルが最高値で、1年前、2年前からは約2倍、3年前からは約2・5倍、4年

図表4-1

CBOT 大豆先物チャート

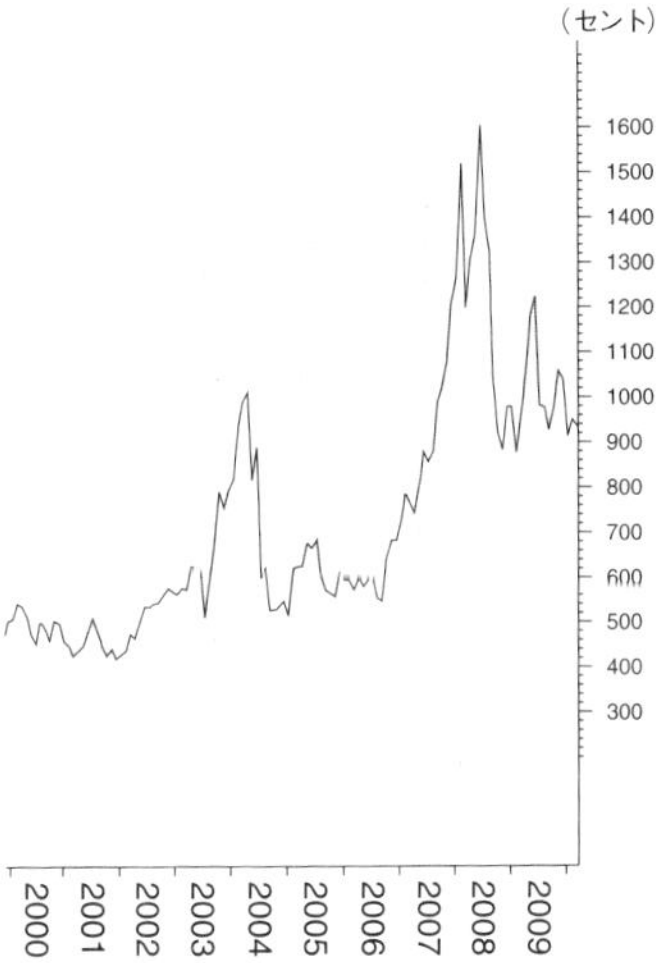

CBOT トウモロコシ先物チャート

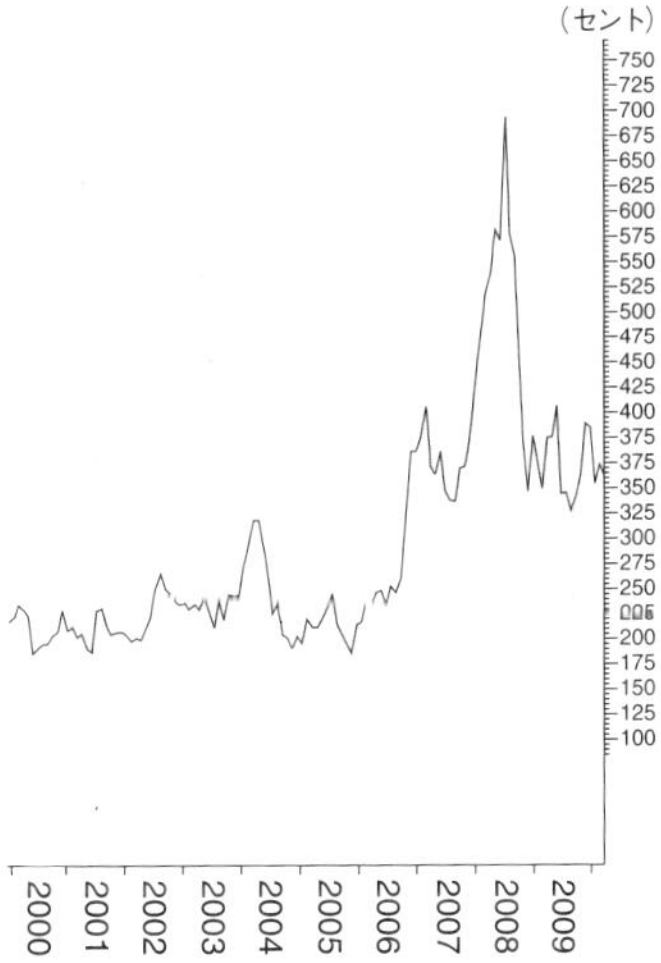

NYMEX WTI 原油先物チャート

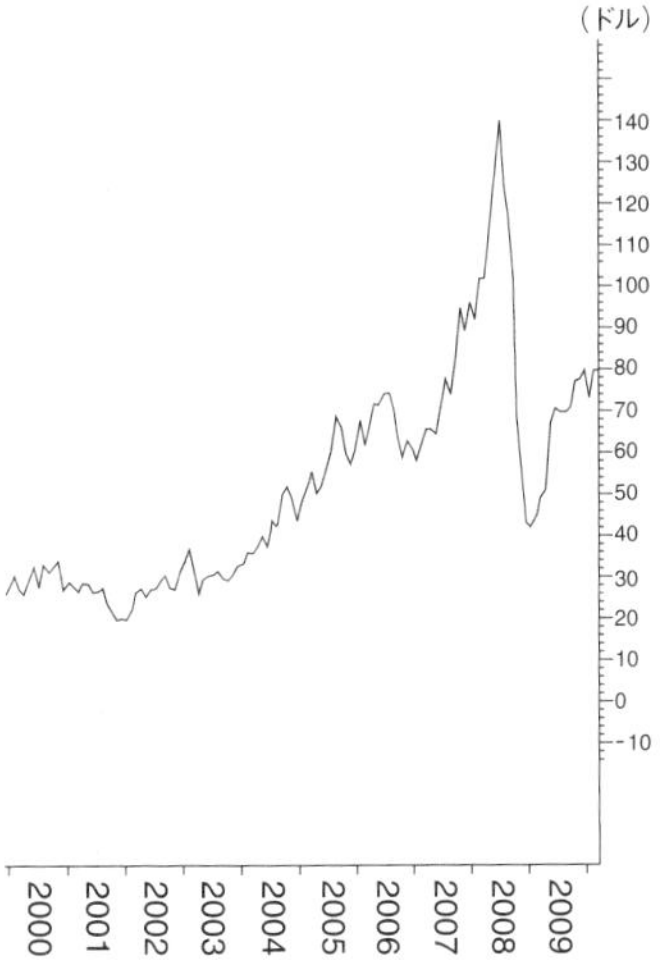

CBOT小麦先物チャート

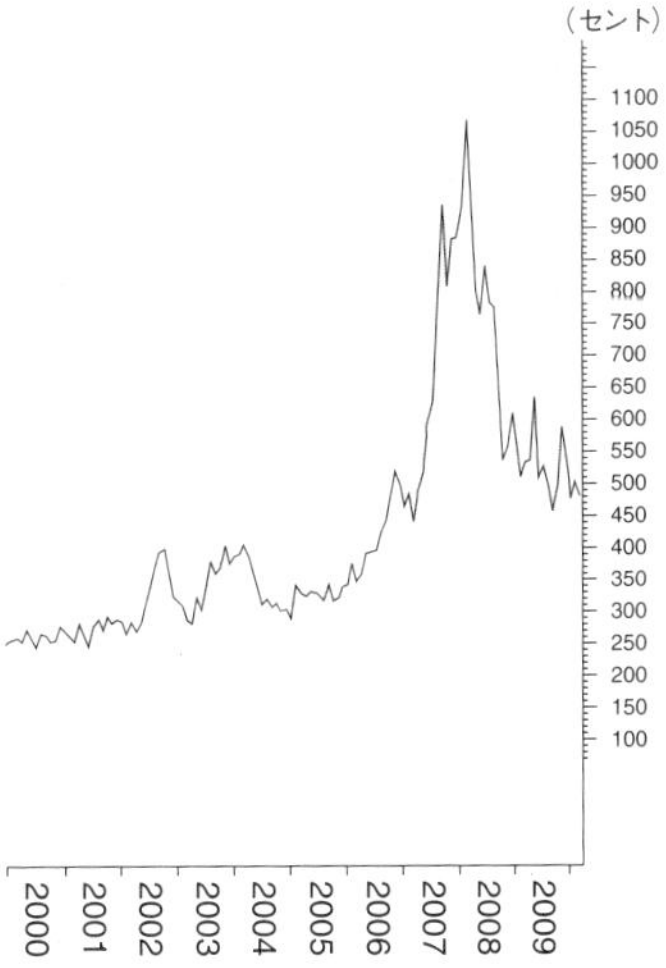

前からは約4倍の水準になった（図表4－1参照）。

わずか1～2年の間に、2倍、3倍、4倍になるというのは、変動の激しい商品相場でもかつてない異例のことだ。当然ながらその反動も劇的で、7月以後、各商品相場は、上昇局面以上の鋭角的な下落を経験することになる。トウモロコシ相場は、08年の高値から、年末の安値まで約62％安。大豆は同様に年末の安値まで約53％安、原油は年末の安値まで約78％安といずれもわずか約半年の間に、半値以下の水準に暴落した。こうした、商品相場の急騰急落相場の中で、その犯人探しは、現物の需給関係から、バイオ燃料、そして投機資金へと続いていくことになった。

ウォール街の抜け道――商品指数ファンド

◆米議会で指数ファンドやり玉に

「機関投資家が食品やエネルギー価格の上昇に関係しているかと問われれば、答えは無条件でイエスだ」

2008年5月20日に開催された米上院の国家安全保障・政府活動委員会の商品市場における投機問題に関する公聴会で、ヘッジファンド会社マスターズ・キャピタル・マネジメントの幹部マイケル・マスターズ氏はこう断言した。先物取引所やその監督機関である商品先物取引委員会（ＣＦＴＣ）などは、それまでの空前の商品相場高騰について、あくまで現物の需給関係が原因だと主張していた。マスターズ氏はこうした当局の公式見解に真っ向から反論した形だ。

「過去５年間で商品価格が2倍にも3倍にもなっている中で、需要との関係をどう説明するのか」

マスターズ氏は異例の商品価格高騰は現物の需要拡大だけでは説明できないと訴えた。その上で、新たに商品市場に参入しているのは、年金基金、政府系投資ファンド（ＳＷＦ）などの機関投資家だと指摘。彼らは商品指数に連動した運用を行ういわゆる商品インデックス（指数）ファンドを通じて投資しているが、今や、商品先物市場において他のいかなる市場参加者よりも大きなシェアを占めていると暴露した。

商品指数ファンドとは、エネルギー、金属、農産物など広範囲の商品先物価格から算出される商品指数に連動した運用をする投資ファンドだ。主に、年金基金、保険、投資顧問などの大手機関投資家の、分散投資やインフレヘッジニーズに対応して設定される。

マスターズ氏がこの時点で提出した資料によると、市場残高は03年末の１３０億ドルから、08年３月時点には２６００億ドルと、約4年3カ月の間に、実に20倍にも急増していた。指数別の市場残高ではＳ＆Ｐゴールドマン・サックス商品指数（Ｓ＆Ｐ・ＧＳＣＩ）に連動するファンドが全体の６割弱とトップで、ダウ・ジョーンズ・ＡＩＧ商品指数（現ダウ・ジョーンズ・ＵＢＳ商品指数＝ＤＪ・ＵＢＳＣ）が約35％程度で、この二つで大半を占めていた。

図表4-2　商品指数投資額の推移と指数（S&P・GSCI）の動き

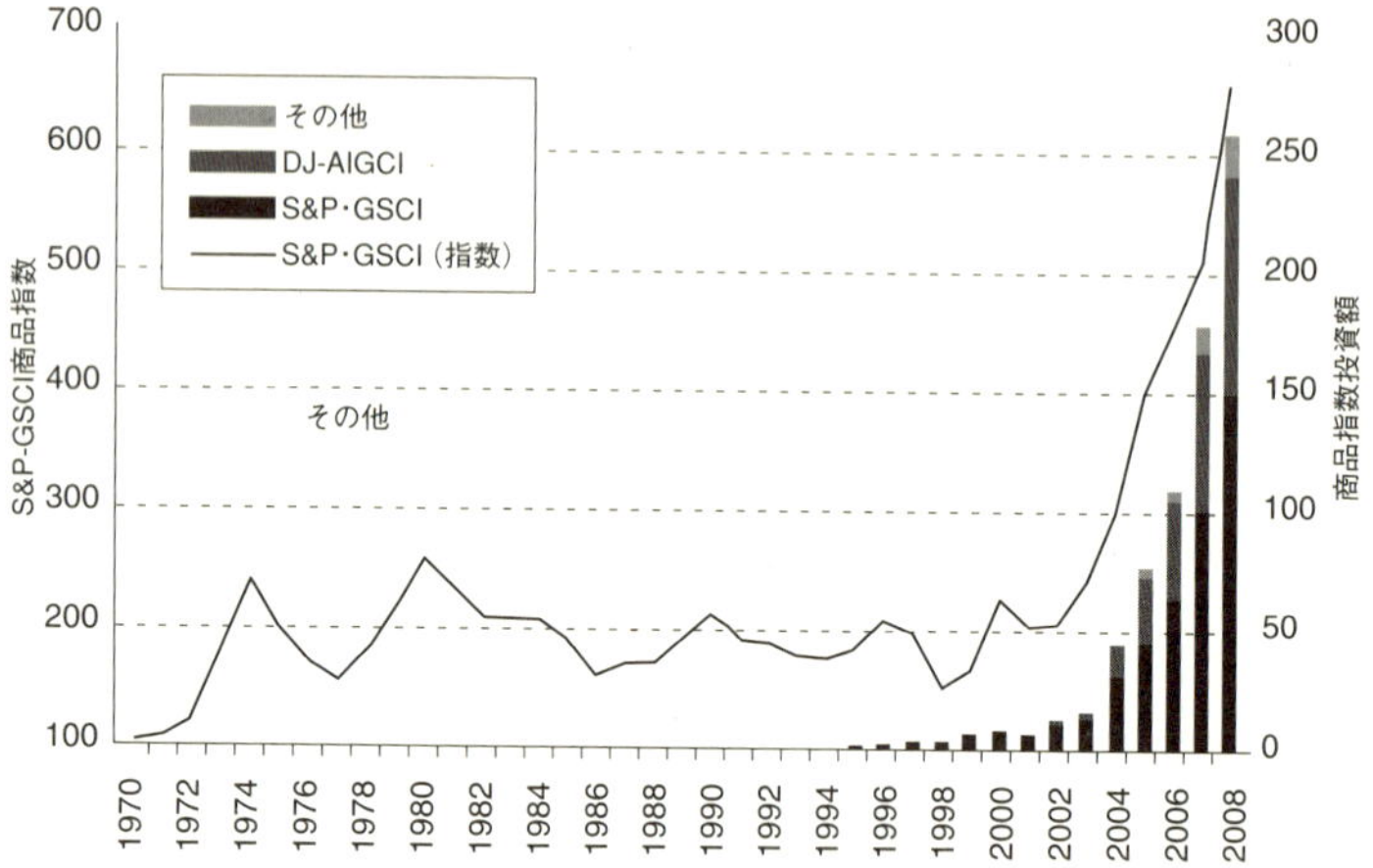

出典　ゴールドマン・サックス、ブルームバーグ、CFTC等のデータからマスターズ氏作成

先物市場では、参加者は相場の上昇で利益を上げる買い持ち（ロング）と、下落で利益を上げる売り持ち（ショート）の両方から入ることができるが、商品指数ファンドによる商品先物への投資は、ほとんどがロングで、先物の限月交替があるたびに、その時点での投資ウェートの比率を維持するためにロングポジションを当限《とうぎり》から期先へ乗り換えて、保有し続けていく。商品指数を構成する商品別ウェートは年1回程度見直され、定期的に「リバランス」と呼ばれるウェート変更による銘柄の入れ替え商いを行い、このときには各商品相場の変動要因となる。

◆指数ファンドの何が問題か

「穀物の生産高、在庫、需要、そしてエタノール政策など、実に多くの要因が現在の危機につながっている」

世界の穀物の中心市場であるシカゴ商品取引所

（CBOT）を傘下に持つ世界最大の先物取引所CMEグループのケアリー副会長は2008年5月上旬の記者会見で、相場高騰における投機資金の影響は限定的だとの認識を示し、投機批判に反論した。

この会見に参加した筆者も「商品指数ファンドの流入も原因ではないのか」と質問したが、取引所側は「ポジション（建玉）の推移と相場変動を比較しても、因果関係は見つからない」といった従来からの主張を繰り返すだけだった。

CFTCの主任エコノミスト、ジェフリー・ハリス氏も5月20日の議会公聴会などさまざまな機会に、商品指数ファンドの売買やポジションと、商品相場の変動を分析したところ、両者の間には相関性はないと断定した。例えば「CBOTのコメ先物など商品指数ファンドが参入していない市場でも価格が高騰した」「生牛先物など商品指数ファンドの比率が最も高い市場では、過去1年間、価格は下落している」「価格が上昇する中でも投機筋のポジションの比率は横ばいで推移している」などがその証拠だという。

しかし、商品指数ファンドのそれまでの4年余りの急増ぶりをみると、こうした説明は説得力に乏しく、むしろ、マスターズ氏の商品指数ファンドの実態説明によりリアリティーが感じられた。

商品指数ファンドは、商品を分散投資の対象となる「アセットクラス」として認めた機関投資家が、個々の商品の相場見通しによって決めるウェートに忠実に、機械的に買うパッシブ運用（市場平均並みの利回りでの消極的運用）を行う。これは市場平均を上回る高利回りを目指す積極的なアクティブ運用を行う従来型の商品ファンドやヘッジファンドと異なることに加え、実際に商品先物市場でポジションを持つのは、「インデックス（指数）トレーダー」あるいは「スワップディーラー」などと呼ばれる金融機関であることもあり、当局から投機筋には分類されてこなかった。

しかし、マスターズ氏はあえてこうした解釈に異議を唱えるかのように、商品指数ファンドを「指数投機家」と表現した。同氏は、米国の商品取引所法では投機家が商品先物市場を支配してはならないと規定されているにもかかわらず、「ＣＦＴＣは一部の投機家に商品先物市場への無制限の参入を認めてしまった」と批判した。

商品先物市場、特に穀物取引では伝統的な「商品ファンド」などの投機筋に対しては、「建玉制限」と呼ばれる一度に持てるポジションの限度を課している。過剰投機による相場への悪影響を防ぐためだ。しかし、新たに登場してきた「商品〝指数〟ファンド」に対しては同じ投資目的にもかかわらず、なぜか建玉制限は課されなかった。

ここで、商品指数ファンドがなぜ特別扱いされるようになったのかを考える上で、そもそも商品先物市場とは何かを簡単に説明しておこう。

◆商品先物市場とは

商品先物市場は、もともと穀物の生産者や流通業者、需要家などが、毎年の天候変化による価格変動がもたらす、収益への悪影響を回避するための市場として誕生した。現存する先物取引所では世界最古とされるのが、1848年設立で、現在でも穀物取引所としては世界最大のCBOT（CMEグループ傘下）だ。ただ、CBOT設立からさかのぼること118年前の1730年に始まった大坂堂島米会所での帳合米取引が世界最古の整備された先物取引とされている。

現物を保有する生産者などは好天見通しから将来価格が下落すると予想した場合、先物で早めに売却値段を確定し、収益を安定化させるが、この場合は、売りから入り、日本では納会と呼ばれる最終売買日までに買い戻すことで利益を確保、現物の値下がり分を相殺することができる。いわゆる売りヘッジだ。予想に反して上昇して先物での損失が大きくなるのを望まない場合などは、納会（最終売買日）に現物を渡すこともできる。

一方、需要家などは、将来価格が上昇すると予想した場合、早めに先物を安い値段で買い、予想通り上昇した場合は、そのポジション（建玉）を売り手じまうことで利益を確保、現物価格が上昇した分のコスト増を相殺することができる。いわゆる買いヘッジだ。

こうした商品現物を扱う業者（日本では当業者とも呼ぶ）の価格リスクヘッジが先物取引の本来の目的だが、そこでは、反対売買に応じてくれる投機家や業者がいないと売買は成立せず、市場も成り立たない。そこで、商品先物市場でも投機筋、投機資金は不可欠となる。

例えば、CBOTなど米国の商品先物取引所では、ヘッジ取引を行う当業者のカウンターパーティーとなり、市場に流動性を供給してきたのが、ローカルズ（地場筋）などと呼ばれる、立会取引場内で売買を行う中小投機家や、先物会社のブローカーらだ。さらには、商品〝指数〟ファンドと区別するため今では〝伝統的〟と修飾語のつく「商品ファンド（Managed Futures）」もいる。彼らは十分なリサーチに基づき、機関投資家の資金をさまざまな先物市場に分散投資する洗練された市場参加者だ。

伝統的商品ファンドでは、商品合同運用会社（ＣＰＯ）が機関投資家のポートフォリオの商品市場投資分の資金を預かり、商品、金融などの市場ごとに専門の商品投資顧問会社（ＣＴＡ）が実際の運用を担当する。各商品ファンドは、株式投資信託や証券投資顧問会社などと同様に、その運用成績を競い、新たな機関投資家の資金獲得を狙う。

その後、いわゆるヘッジファンドも商品投資を活発化させるようになり、商品先物市場での投機筋は厚みを増していくことになる。

ただ、当業者のポジション、資金量に比べて投機資金の流入量が過剰に多くなってしまうと、先物価格は現物の穀物需給を反映せず、現物価格とのかい離も異常に大きくなり、当業者のヘッジ効果も薄れてしまう。これが、過去数年間、特に小麦先物市場で起こったことで、それ以前にも、１９８０年ごろに話題となった銀市場での買い占め事件「ハント兄弟事件」のようにたびたび発生している。日本でもかつて、生糸や小豆相場などで繰り返し発生した仕手相場も類似の現象だ。

しかし、今回の国際商品市場での大投機相場では、ハント兄弟や日本の仕手筋などのように、買い占めにより意図的に相場をつり上げるという犯罪性のあるものではないとされる。マスターズ氏が２００８年に商品指数ファンドの投機性を告発したリポートのタイトルが「〝偶発的な〟ハント兄弟――機関投資家はいかに食品とエネルギー価格を押し上げたか」となっていることからもわかるように、世界の多数の投資家が、純粋に資産の分散投資、インフレヘッジ目的に商品市場に直接・間接に投資したことが、結果的に巨額の資金流入につながった。

◆スワップディーラー、そして指数ファンド

投機資金の大量流入が、当業者のヘッジという商品先物市場の本来的役割を損ねてしまうことを防ぐために導入されているのが投機筋に対するポジション（建玉、持ち高）制限だ。米議会は過剰投機の抑制を目的に、1936年にこの建玉制限を導入する権限を与え、現在、トウモロコシや大豆、小麦などの農産物先物市場ではCFTCが直接規定、エネルギーや金属市場では各取引所が独自に設定している。

ところが、90年代ごろから、欧米の金融機関が、石油会社や航空会社などの石油製品の生産者や需要家に対して、その価格変動リスクを回避する手段として原油などの「商品価格スワップ」の提供を始めるようになったことが、先物市場での建玉制限の問題を複雑化させるきっかけとなった。商品需要家のリスクを相対取引（OTC）市場で引き受ける金融機関はそのヘッジとして商品先物市場で反対売買を行うようになり、商業筋（当業者）、投機筋という伝統的参加者とは違う新たな参加者が登場した。

これがスワップディーラーで、例えば航空会社がジェット燃料の価格変動リスクを回避したい場合、銀行から固定価格を受け取る一方、銀行に変動価格を渡すというスワップ取引を行う。変動価格を受

図表4-3　商品スワップとヘッジ取引の仕組み

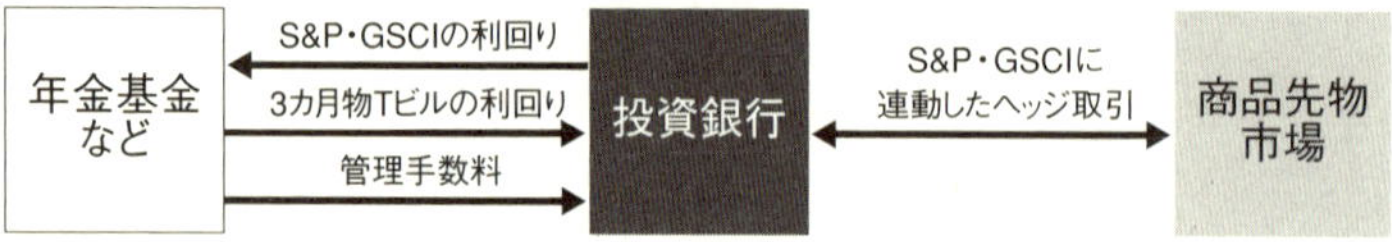

出典 マスターズ氏のリポートより作成

け取った銀行、つまりスワップディーラーは自分のリスクを先物市場でヘッジするという形だ。こうした動機から、現物の売買を生業《なりわい》とする当業者のような「真正（Bona Fide）ヘッジャー」ではないものの、スワップディーラーの目的はヘッジだとして91年のゴールドマン・サックスの子会社を皮切りに当業者と同様の建玉制限の適用除外が個別に認められるようになった。業界筋によると、91年以来、投資銀行など15社に建玉制限の適用除外が認められたという。

さらに、2003年ごろからは、いよいよ商品指数ファンドが急増し始める。そこでも、S&P・GSCIなどに連動する指数ファンド会社自身は先物市場に直接投資するのではなく、金融機関が提供する商品スワップ取引を契約することで、商品相場のポジションを取る。一方、金融機関は結果として持つ自分の商品価格リスクのヘッジを商品先物市場で行う。新たなビジネスモデル、市場参加者の登場だ。

指数ファンドのために商品先物市場に参加する金融機関や業者は「インデックス（指数）トレーダー」とも呼ばれるが、基本的にはスワップディーラーが兼ねていることが多いとみられ、こうしたケースも建玉制限の適用除外と判断されたようだ。しかし、スワップディーラーの動機は商品需要家のための価格リスクヘッジ手段の提供だが、指数ファンドは、最初から投資目的であり、分散投資やインフレヘッジというお題目はあっても、本質的には投機筋と変わらない。

こうした点をマスターズ氏らが問題視し、特に、商品指数ファンドと商品先物市場の事実上の仲介役となるスワップディーラーが、特例で建玉制限を免除されているからくりを「スワップ・ループホール（抜け道）」と呼んだ。そして、こうした仕組みがその投機の影響を効果的に隠し、データのゆがみにつながっているともし、議会に対し、この抜け道を封じ、同ファンドにも他の投機筋と同様の建玉制限を導入すべきだと主張した。

議会とウォール街のバトル

◆商品相場の高騰対策

「一般的には中国の需要拡大が原因と説明されるものの、中国の年間需要量は過去5年間で、18億8000万バレルから、28億バレルと9億2000万バレル増加したが、同期間の指数投機家（商品指数ファンド）による原油への投資需要の増加量は約8億4800万バレルで、中国の需要増に匹敵する水準だ」
ヘッジファンド会社幹部のマイケル・マスターズ氏は2008年5月20日の議会の公聴会証言で、

08年までの原油価格の高騰についてこのような試算を示した。

さらに、商品指数ファンドは現在、先物市場を通じ、11億バレル相当の石油在庫を保有する形になっているが、これは米国が過去5年間に積み上げた戦略石油備蓄（SPR）の約8倍に相当するとの推計を明らかにした。

一方、穀物相場の急騰ぶりも異例ずくめだった。それは開発途上国で食料パニックをもたらし、国際政治経済の最重要課題の一つになった。食料不足とはほど遠い先進国の米国でも、畜産業界などの穀物需要家サイドから悲鳴だけでなく、カントリーエレベーターと呼ばれる穀物倉庫業者や価格高騰の恩恵を受けているはずの生産者サイドからも、現物価格と先物価格の収れんがうまくいかず、先物市場でのヘッジがスムーズに機能しなくなるなどの不満が噴出した。

穀物相場高騰の原因は商品指数ファンドの急増だとの批判も出始める中で、商品先物取引委員会（CFTC）は08年4月22日に農産物業界や市場関係者を招いた公開会合「農業フォーラム」を開催し、農産物先物相場の高騰に伴うさまざまな弊害について討議した。

マスターズ氏はこの会合で、穀物価格の高騰についてもわかりやすい試算を提示している。エコノミストらはエタノール向け需要の拡大が大きいと指摘しているが、「商品指数ファンドは過去5年間で20億ブッシェル分のトウモロコシを買ってきており、これはエタノール換算で53億ガロンと、米国の全エタノール工場がフル稼働した場合に必要なトウモロコシの量に匹敵する」と指摘した。

原油や穀物価格の高騰が社会問題化し、米議会で、商品指数ファンドなどの新たな機関投資家の資金流入を問題視する動きが強まっていることに対応する形で、CFTCは同月29日、エネルギー先物市場の透明性向上を狙いに、英金融サービス庁（FSA）とも協力して石油市場での大手投機筋の情報収集を強化するなどの対策を発表した。

筆者はこの29日、米先物取引会社の知り合いのアナリストに今回のCFTCなどの石油先物市場での規制強化案についてどう思うかを取材した。その翌朝、このアナリストから、新たな情報が寄せられた。CFTCは穀物市場でも同様の規制強化を検討しており、市場関係者にヒアリングしているようだというものだった。そこで、事実内容を確認した上で、次のような記事を配信した。

◎穀物市場での投機対策強化へ
——指数ファンド対象か——米CFTC

【シカゴ30日時事】市場筋が30日明らかにしたところによると、米国の先物市場監督機関である商品先物取引委員会（CFTC）は世界的な食料価格の高騰の原因の一つが穀物先物市場への過度の投機資金の流入だとの批判を受けて、新たな投機対策を検討しているもようだ。早ければ来週にも、29日にCFTCが発表したエネルギー市場と同様に、大手投資家の実態把握など監視強化策を発表する可能性があるという。

CFTCは29日、エネルギー先物市場の透明性向上を狙いに、英金融サービス庁（FSA）とも協力して大手投資家の情報収集を強化するなどの対策を発表した。この中には、原油や穀物などの先物価格から算出される商品指数に連動した運用を行ういわゆる商品指数ファンドのより詳細な実態把握とポジション制限ルールの基礎となる投資家分類の見直しなども盛り込まれた。

市場筋によると、「ＣＦＴＣはエネルギー市場と同様の対策、中でも商品指数ファンド対策を中心に考えているようだ」という。急拡大している商品指数ファンドは、他の投機筋に適用されているポジション制限が実質的に課されておらず、大量の買いポジションを保有し続ける行動が相場水準のかさ上げにつながっているとの批判も米議会などから出ていた。仮に、最終的にこのポジション制限ルールの見直しまで踏み込むことになれば、商品相場に影響を与える可能性もある。

ほぼ同じ時間帯に、この商品市場の投機抑制策を熱心に追っていた米紙ニューヨーク・タイムズが綿花市場の話を中心に似たような独自記事を書いてきたことから、完全な特ダネとはいえないものの、日本の経済紙だけでなく、ウォール・ストリート・ジャーナルにも先んじることができた。

そして、ＣＦＴＣは6月3日、農産物市場に関し、商品指数ファンド問題など投機資金の急増が商品相場に与える影響をより分析し、監視していくとの方針を正式発表した。それまで、商品相場の高騰と商品指数ファンドの急増にはほとんど関係ないとしてきたＣＦＴＣは、議会からの圧力で、あわてて軌道修正した形だ。

しかし、08年夏までの議論では、エネルギーと農産物市場での商品指数ファンドへの規制強化については、市場参加者の多くは、実効性には乏しいものにとどまるだろうと予想していた。商品指数ファンドの急増の恩恵を受ける先物取引所や先物業界、そして商品指数ファンドの担い手であるゴールドマン・サックスなどの抵抗も予想され、すぐに建玉規制が課される可能性は低いとされた。

商品指数ファンドに建玉制限を導入するとなった場合、それはすぐに現在の大量の買いポジションをいずれ閉じなければならないことを意味し、世界の商品市場に与えるインパクトははかりしれないという懸念もその背景にあった。

◆相場暴落、半値八掛け二割引

ニューヨーク商業取引所（NYMEX）の原油先物相場（米国産標準油種WTI）は2008年7月11日に147ドルの史上最高値をつけたが、その要因の一つには大手投資銀行の強気予想もあった。同年5月上旬、ゴールドマン・サックスが向こう6～24カ月の間に原油価格は200ドルまで上昇すると進軍ラッパを高らかと鳴らしたことが、最後の相場押し上げにつながったとみられている。

しかし、原油相場はその後、ある日突然、需給関係が全く変わったかのように、上昇局面とは比較にならないペースで暴落する。同年12月19日には32ドル台と、4年10カ月ぶりの安値をつける。結局、1年半で約3倍になった原油相場は、5カ月で約4分の1の水準になった。相場格言で、大相場後の下値メドとされる「半値八掛け二割引」の水準（47ドル）をはるかに下回る水準まで下落したわけで、歴史的なバブル崩壊だ。

「2008年7月中旬までの原油価格の高騰とその後の急落の過程は、商品指数ファンドの原油先物市場での買い増しと手じまい売りの動きとほぼ一致する」

マスターズ氏は08年9月10日、新たなデータに基づき、商品指数ファンド主犯説を強調するリポートを公表した。

このリポートは、08年7月に発表された「〝偶発的な〟ハント兄弟——機関投資家はいかに食品とエネルギー価格を押し上げたか」と題するリポートの続編だ。7月のリポートは、商品指数ファンドの登場により、投資家はポートフォリオ分散というそれ自体は正しいことをしようとしたものの、知らないうちに、ハント兄弟を上回るような大きなインパクトを先物市場に与えてしまったと結論付けた。

リポートの続編では、7月以後の商品相場の暴落を分析した。08年1〜5月の間に機関投資家は、商品指数ファンドを通じて、原油先物を1億8700万バレル相当買い、この間、同相場は1バレル当たり約33ドル上昇した。しかし、米議会での投機抑制議論が始まるとともに同ファンドの撤退が始まり、7月15日から9月2日までの間に、原油先物では1億2700万バレル相当手じまい売りがあり、相場は29ドル下落したとしている。

特にこの7月15日は、多くの機関投資家がポートフォリオの見直しを決定する日で、この日を境目に、原油先物市場での商品指数ファンドの撤退傾向が明確になったという。原油相場の暴落はほぼこの日の直前から始まるという見事な一致を示している。

マスターズ氏らの批判に対抗し、商品指数ファンドを擁護してきたのが米監督当局のCFTCであり、商品先物業界だ。ＣＦＴＣはマスターズ氏の新リポート発表直後の9月11日に、「商品スワップディーラーと指数トレーダー、そしてＣＦＴＣ勧告」と題するスタッフの調査報告書を発表した。

原油先物市場に関する分析では、08年１～６月の６カ月間に、商品指数ファンドの名目価値は３９０億ドルから５１０億ドルと30％増加したものの、これは原油価格が１バレル＝96ドルから同１４０ドルに上昇した結果にすぎず、同ファンドの取組高はこの間に11％減少していると指摘した。

つまり、商品指数ファンドは原油相場の高騰の最終ステージでは利食い売りスタンスでポジションを減らしていたのであり、少なくとも相場高騰を加速した事実はないことになる。しかし、商品指数ファンドは04年ごろから急増し始めており、特にほぼ買い持ちしか行わず、常に期先に乗り換えていくため、長期的に商品相場に大きな影響を与えたことは間違いない。

◆小さな池に鯨

「商品指数ファンドは、誤解に基づいており、知的にも不健全だ。経済を不安定化させ、害を与える可能性もある」

１９９２年の英ポンド危機の際に英政府を打ち負かしたとされる伝説的投機家、ジョージ・ソロス氏は２００８年６月３日、米上院の商業科学運輸委員会で、商品指数ファンドをこう全面否定。さらに、「最初に考え出され、宣伝されたころは合理性もあった。しかし、競技場は込み合い、収益機会は失われた」と切り捨てた。商品相場の歴史的高騰をめぐる議論に、金融市場の投機問題に関する真打ちが登場した形だ。

同氏は、「われわれは現在、住宅バブルの崩壊を経験している。同時に、原油と他の商品でも若干のバブルの特徴が見られる」とし、これらを「スーパー・バブル」と命名。そして、商品指数ファンドはこうしたバブルを加速させており、1987年の株価大暴落の原因となった「ポートフォリオ・インシュランス」と似た異様さがあるとまで表現した。

87年の株価大暴落当時、急激に普及したコンピューター取引は、買いシグナルが出れば機械的にひたすら買い、相場が急落すると自動的に売り注文を出し、機関投資家は売り一辺倒となった。これがポートフォリオ・インシュランスの起こした悲劇とされた。商品市場で、相場観とは関係なく資金が流入するたびに機械的に買い増していく商品指数ファンドの投資行動で、こうした悲劇が再現されかねないのではないかというのがソロス氏の危惧だった。

実は、過去数年の商品投資ブームは、ソロス氏のかつての盟友であり、ソロス・ファンド（後のクォンタム・ファンド）の共同設立者である、カリスマ投資家、ジム・ロジャーズ氏が2004年末に出版した“Hot Commodities”という著書が一つの起爆剤となった。

ロジャーズ氏は同書で「次の強気相場はここにある、株式ではないし、債券でもない。商品だ。一部の賢明な投資家は、今後10年間は最高のリターンを求めてこの強気相場に乗るだろう」とし、過去の商品市場のサイクルを参考にすると、14～22年ごろまで商品の強気相場は続くとご託宣。このご託宣に乗って、年金基金などの機関投資家はわれ先にと商品指数ファンドを通じ、商品市場に殺到した。

そして、ソロス氏はかつての盟友があおったブームに警告を発する側に立つ皮肉な巡り合わせとなった。

マスターズ氏は08年5月20日の証言で、商品市場が、株式や債券といった他の資本市場と比べていかに小さいかについて、「2004年時点で、商品指数に組み込まれた25種類の商品の先物市場の合計価値は約1800億ドルでしかない。一方、世界の株式市場の規模は44兆ドルであり、商品の約240倍だ」と表現している。

住宅バブル崩壊後の急激な金融緩和で世界的な過剰流動性はさらに増し、「インフレ懸念が高まっている中では、株にも債券にも行きようがない」（邦銀筋）機関投資家の投資資金は商品指数ファンドなどの形で、極めて小さな商品市場に殺到した。まさしく「小さな池に鯨」の状態となり、商品相場の高騰に拍車をかけた。

商品先物市場の本来の役割は当業者と呼ばれる現物取引にかかわる人たちへの価格リスクヘッジの手段の提供だ。ヘッジ取引が機能するためには、それに買い（売り）向かう投機資金が必要なことは言うまでもない。しかし、その資金量のバランスが崩れたときどうなるのか。マスターズ氏やソロス氏のこうした警告は09年に、オバマ政権に代わってからさらに大きな重みを持つようになり、市場規制強化論の出発点となった。

◆商品の〝金融相場〟化

「個々の商品相場を動かすのは、互いに独立した要因であり、相場変動も本来的には相関しないはずだ。事実、1984～99年の期間のすべての商品の互いの価格の相関比率の平均は10％でしかなかった。しかし、過去1年間は、これが61％まで上昇した。さらに、各商品価格と有力商品指数GSCIとの相関比率は歴史的には平均25％だったが、過去1年間は71％に達した」

米シカゴの調査会社プロバビリティー・アナリティックス・リサーチは2008年11月13日付の調査リポートで、商品相場の高騰に商品指数ファンドなどの投機資金が大きな影響を与えたのは明白だとした。

本来、商品相場は個々の現物需給要因、例えば天候、主要生産国、用途などの違いで、個別商品ごとに相場変動は異なるが、過去1年間は、こうした商品特性の違いにもかかわらず、一斉に高騰し、一斉に暴落したということだ。

これは1980年代後半の日本で、「債権大国」などとはやして、最後は企業の個別材料には関係なく、すべての業種、銘柄を循環物色し、相場全体がかさ上げされたカネ余り相場と酷似している。いわば商品の〝金融相場〟化だ。

そして、今回の主犯はまぎれもなく、商品指数ファンドやヘッジファンドなどの新規参入の投機筋の急増であり、その背景には、米国の金融緩和によるバブル経済があった。カネ余りの中で、少しでも運用パフォーマンスを向上させようと、新興国の需要拡大をはやし、小さな市場に殺到した。相場が暴落して初めてその真相が見えてきた。

ただ、商品相場は永遠に右肩下がりが続くわけでもない。世界が未曾有の経済危機を克服し、成長軌道復帰の道筋が見え始めれば、再び商品市場に投機資金は戻ってくる。

現物需給はひっ迫していたのか

◆農産物需給報告が語るもの

トウモロコシ、大豆、小麦、綿花などの米国の主要農産物の作付面積、生産高、在庫などの需給は、エタノールブームの中で過去数年大きく変動した。米国を中心に世界各国地域の主要農産物の需給関係は、米農務省が毎月発表する需給報告（World Agricultural Supply and Demand Estimates）でかなり詳細に調査・分析され、原油市場に比べた穀物市場の透明性の高さを明示している。それは2008年の歴史的な穀物相場の高騰が本当に需給関係を忠実に反映したものだったかを判断する格好の手がかりとなる。

そこでこの農務省需給報告で、まず過去数年の米国産の需給関係のポイントを簡単に紹介しておこう。まず、米国の最重要穀物であるトウモロコシの作付面積は、03～04販売年度（03年9月～04年8

月）から06〜07年度まで、おおむね７８００万〜８２００万エーカーで推移していたが、エタノール需要の急増に対応して07〜08販売年度に突如、前年度比19％増の約９３５０万エーカーと実に63年ぶりの高水準まで急拡大した。

このあおりで、通常はトウモロコシと1年ごとの輪作で作付けされる大豆の07〜08年度作付面積は同15％減の約６４７０万エーカーと12年ぶりの低水準に落ち込む。この年は綿花も前年度比28％の大幅減となった。

一方、翌年の08〜09年度の作付面積は、前年の大幅減による価格高騰の反動で大豆が同17％増の７５７０万エーカーと過去３番目の高水準に急回復したが、それでもトウモロコシは約８６００万エーカーと8％減にとどまる。その分、綿花がしわ寄せを受けて同15％減となり、米国の主要農産物としての地位低下に拍車がかかった。

トウモロコシはこうした作付面積の急増とイールド（1エーカー位当たり収量）の継続的な向上傾向（１９８９〜90年度の1エーカー当たり１１６ブッシェルから、過去最高となる見込みの２００９〜10年度の１６５ブッシェルと20年で約42％向上）を背景に、生産高は07〜08年度に１３０億ブッシェルと過去最高を記録、09〜10年度も１３２億ブッシェルと過去最高を更新する見込みだ。需給関係を最も端的に表す米国の期末在庫率（総消費量に対する在庫の割合）は、04〜05年度の約20％から、過去2年ほどは生産増をエタノール需要が吸収したことから、13〜14％に低下しているものの、まだ危機的水準というほどではない。

一方、イールドが過去20年間で31％改善した大豆の最近の生産高は、作付面積が急減した07～08年度にいったん26億７７００万ブッシェルに落ち込むものの、09～10年度は、04～05年度の31億２４００万ブッシェルを上回る33億６１００万ブッシェルと過去最高になる見通しだ。しかし、大豆は中国など世界の需要が好調なことから、期末在庫率は、06～07年度の18・６％から生産高が急減した07～08年度には７％まで低下、さらに08～09年度が５％という危機的水準まで落ち込む。09～10年度は６・４％程度まで若干回復する見込みだが、現在でも、トウモロコシに比べた相場の地合いの強さにつながっている。

また、小麦は07～08年度にオーストラリアや欧州など世界的な干ばつ、天候不順を背景に、世界の小麦在庫が約32年ぶりの低水準となる。この結果、米国産の輸出が急増、07～08年度の米国の期末在庫（08年5月末）は前年度末比33％減の3億６００万ブッシェルとなり、約60年ぶりの低水準に落ち込んだ。

この結果、過去10年ほどは20～40％程度で推移していた米国の小麦の期末在庫率は13％に急低下した。こうした世界的需給ひっ迫見通しが07年後半からの小麦相場の急騰、08年初めの1ブッシェル＝10ドルを上回る暴騰相場につながった。しかし、その後は世界各国で豊作が続き、期末在庫率は08～09年度が29％まで一気に回復、さらに、09～10年度は49％まで急上昇する見込みだ。このため08年末以後は5ドル付近の低迷相場が続いている。

さらに、米農務省が同時に発表している世界の需給動向で、これら主要穀物の世界全体の期末在庫率をみてみよう。小麦は世界的な減産に見舞われた直後の07～08年度には16％に落ち込むものの、その後2年間は21％、25％と急回復しつつある。トウモロコシは07～08年度が15％、08～09年度は17％、09～10年度は15％と比較的、安定して推移。大豆は07～08年度が17％、08～09年度は14％に低下したものの、09～10年度は19％まで上昇する見込みだ。

また、トウモロコシ需要におけるエタノール向けの需要の伸びは実際にはどの程度だったか。農務省は02～03年度に初めて消費項目の中に、エタノールの独立した項目を設けたが、このときは9億9600万ブッシェルと、総消費に占める比率は約10％だった。その後、エタノール向け需要量は着実に増え、07～08年度には一気に9億1000万ブッシェル増の30億2600万ブッシェルに達した。

その後も、08～09年度は37億ブッシェル、09～10年度の現時点での予想は42億ブッシェルと順調に拡大し続けている。09～10年度の総消費に占める比率は約32％で、輸出向け（同年度17％）との比較では、07～08年度に初めて上回った後も着々と格差を広げている。

◆米農務省の長期予測

結局、米国のトウモロコシ、大豆、小麦の過去数年の需給動向をみると、1年間で2倍以上にも相場が高騰した理由をすべて需給関係に求めることは無理がある。さらに、2009～10年度にはトウモロコシ、大豆の生産高が過去最高になる見込みで、特にトウモロコシはエタノール需要の急増も簡単に吸収できていることをみると、生産余力は予想以上にあったといえそうだ。

図表4-4　米国の主要穀物の期末在庫率の過去の推移と今後の見通し

（米農務省需給報告および、同長期予測から作成）

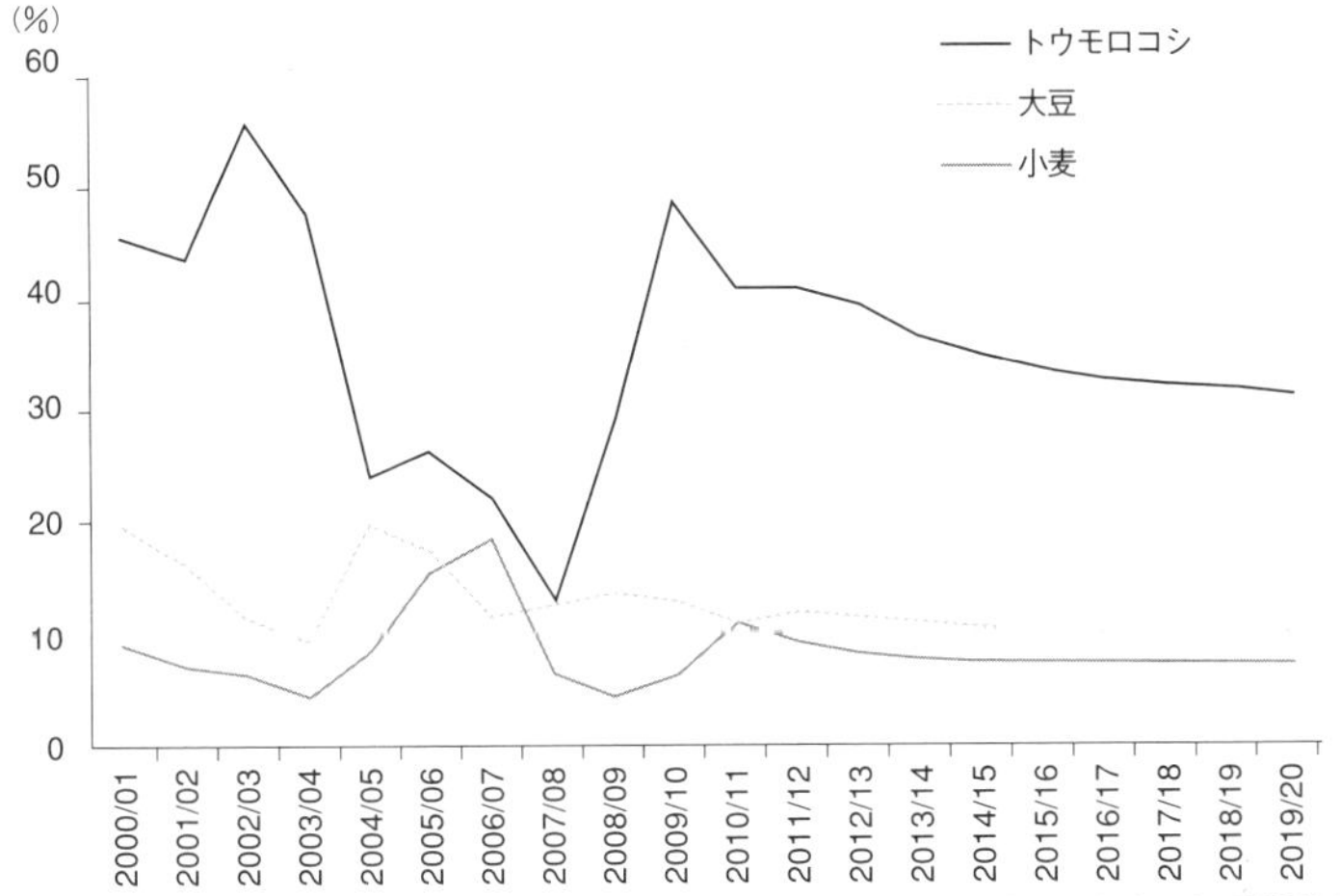

※注①2007/08年度までは実績 ②08/09と09/10年度は2010年2月需給報告時点の予想③10/11年度以後は長期予測

また、基本的には1年1作が多い農産物では、原油や金属などと異なる、1年サイクルという相場変動リズムがある。小麦が07年の世界的な不作から、翌08年には世界的な作付面積の増加と豊作で一転、需給は緩和し、相場が暴落したことにも象徴されるように、1年で需給関係がガラッと変わることもある。

こうした特性から商品指数ファンドのように基本は買い持ち（ロング）で、そのポジションを期先限月に乗り換え、何年も保有するという投資手法は適しないとの見方も多い。

ただ、農産物相場が1年サイクルを超えた、長期的な右肩上がり、あるいは右肩下がりという相場が全く考えられないわけでもない。それは、需要と供給の基本構造に長期的な変化が出始めた場合だ。商品相場に強気姿勢を維持しているジム・ロジャーズ氏なども指摘している、中国やインドなどの新興国の高度経済成長、所得向上、食生活の欧米化などによる長期的な需要拡大傾向がその例だろう。

特に農産物について米農務省はこの問題をどう見ているのか。その手がかりは同省が毎年2月に発表する「農務省長期予測（USDA Long-term Projections）」から得られる。既に第2章で紹介したように、同省は07年2月の長期予測で、トウモロコシの期末在庫率が05～06年度の17・5％に対し、07～08年度以後は16～17年度まで4・5～5・7％という通常なら危機的とされる水準に長期間とどまると予想し、穀物市場関係者に大きな衝撃を与えた。

しかし、その後の長期予測で、世界的な飼料穀物の豊作続きもあり期末在庫率の予測を大幅に上方修正した。10年2月の予測では、トウモロコシの期末在庫は、08～09年に13・9％となった後は徐々に低下していくものの、19～20年まで10～12％の水準を維持、エタノールブームが勃発した3年前の危機的予想は免れるとの見通しだ（図表4－4）。

農務省のこうした楽観的な長期予測は、作付面積の増加ではなく、主にイールドの向上に伴う生産高拡大見通しを根拠としている。遺伝子組み換え（GM）技術のさらなる進歩により、イールドは08～09年度の1エーカー当たり154ブッシェル（10年2月需給報告は165ブッシェル）から19～20年までに178ブッシェルまで着実に向上すると予想しているのだ。この結果、19～20年度の生産高は145億9500万ブッシェルと、09～10年度の2月需給報告（131億5100万ブッシェル）比11％増の水準になると見込まれている。

図表4-5　米国のトウモロコシ需要の推移と見通し

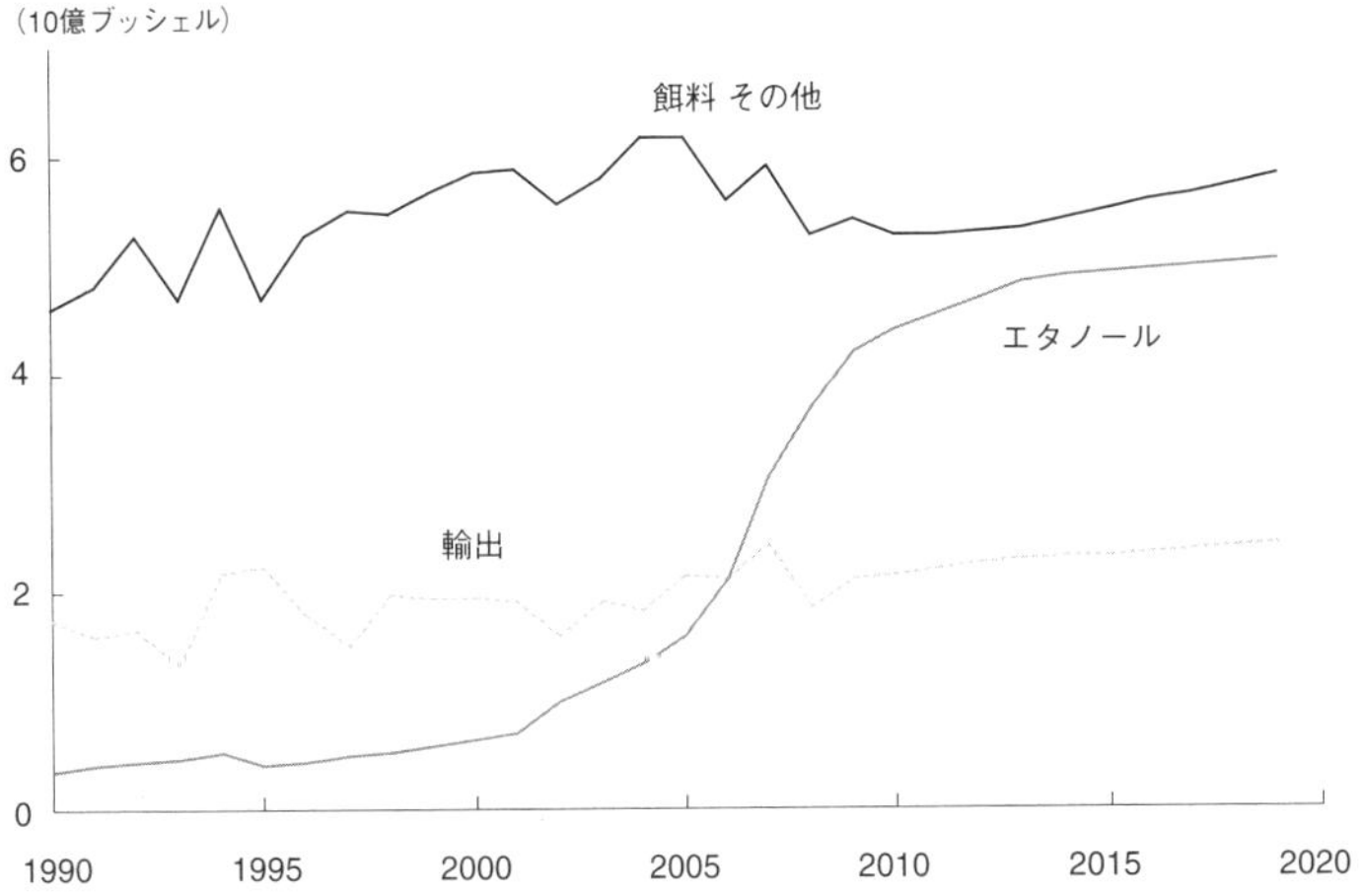

一方、エタノール向け需要量の最新の長期予測はどうか。エタノール混合ガソリンへの優遇税制や輸入関税が維持されることを前提に、09～10年度は42億ブッシェルとし、その後、毎年1億ブッシェル前後増加し続け、19～20年度には50億2500万ブッシェルになるとしている（図表4－5）。これはエタノール向け需要がトウモロコシ総消費に占める比率が34％（09～10年度は32％）に達することを意味する。ただそれでも、全米の年間ガソリン消費量と比べれば9％超にすぎない。

過去数年間、工場建設ラッシュを背景に、エタノール向け需要は年率20～40％の急増を続けてきたが、今後は、伸び率は年率2％程度に急減速、安定成長期に入るとのシナリオだ。これは、「米国内でのガソリン消費量全体の伸びの鈍化を反映」させたものともいう。

◆食料ひっ迫懸念と投機

これらのように、米農務省は長期的にも主要農産物の需給が極端にひっ迫していくとは見ていない。エタノールなどバイオ燃料の奨励策が今後も引き続き、バイオ燃料向け需要が順調に拡大していくとしてもだ。もちろん、米国の農業は食料、燃料の両方を賄っていけるという前提に基づき、楽観的な数字を積み上げている面はあるかもしれない。

一方で、国連食糧農業機関（FAO）は世界の人口増加見通しを背景に、食料増産の必要性を常に訴えている。例えば、2009年9月23日には、今後の人口増加などを踏まえ、世界全体の食料生産を50年までに05～07年時点に比べ70％前後増やす必要があるとの試算を明らかにした。

FAOはこの中で、50年時点の食料需要に関して、穀物（飼料用含む）が約10億トン増加し30億トンに、食肉が約2億トン超増え4億7000万トンになると予測。投資拡大を通じた農業部門の生産性向上と、サハラ砂漠以南のアフリカ諸国と中南米諸国をはじめとした途上国での農地拡大の必要性を主張している。

またFAOは、同年9月12日には食料品価格は中期的に堅調かつ不安定に推移する公算が大きく、07～08年に見られた価格急騰が再び起きる恐れもあるとのリポートも公表した。基礎食料品価格は06年に上昇し始め、08年には過去最高値水準まで達したと指摘。食料品価格はその後値下がりしたものの、引き続き高水準であり、06年の水準を下回る公算は小さいとした。小麦、コメ、油実、砂糖などの食料品価格は18年まで、06年以前の水準を上回る見込みという。

1995年、当時、著名環境学者のレスター・ブラウン氏が「だれが中国を養うのか?」と問題提起したことがまさしく現実の脅威になりつつあることを警告するような見通しだ。2008年の穀物相場高騰もその一つの前兆に過ぎないとの見方もできる。

ただそこでは、農業や資源問題の専門家やアナリストらがあまり目を向けていなかった、商品市場への投機資金の大量流入による需給実態から短期的にかい離した価格高騰もあった。08年後半のように投機資金が一気に流出すれば、穀物価格は下落する。

しかし、中長期的な現物需給ひっ迫見通しが払しょくされず、投機資金の抑制策が機能しなければ、今後も、何度でも商品相場の高騰は起こり、食料・資源危機論は再燃することになる。それは、食料や資源問題に本腰で取り組まない世界に対する警告になると同時に、食料・資源危機をはやして相場高騰で巨額の利益を上げる投機家や投資銀行の姿をさらけ出すことになる。

◆2009年、ゴールドマン・サックスの強気復活

「彼らが戻ってきた! 生きていたんだ。皆が石油市場に戻っても大丈夫だと思ったちょうどそのとき、ゴールドマン・サックスは、石油相場予想値の引き上げを決断した」

米シカゴの先物会社アラロン・トレーディングの著名石油アナリスト、フィル・フリン氏(現在PFG・ベストのアナリスト)は2009年6月5日の顧客向けリポートで、前日に伝えられたゴールドマン・サックスの原油相場予想値の改定について、若干の皮肉を込めながらも、興奮したかのよう

な語り口で伝えた。

ニューヨーク商業取引所（ＮＹＭＥＸ）の原油先物相場は、08年7月の1バレル＝１４７ドルの史上最高値から、同年末の32ドル台まで、わずか5カ月間で、4分の1以下の水準まで暴落した。しかし、その後、金融危機の沈静化とともに反発に転じ、09年6月中旬には73ドル台と、安値から約2・3倍の水準まで回復した。

こうした中で、公表されたゴールドマン・サックスのリポートは、米国産標準油種ＷＴＩについて、09年末の予想値を従来の65ドルから85ドルに、1年後の予想値を70ドルから90ドルに引き上げた。さらに10年末には95ドルまで上昇すると予想した。こうしたゴールドマン・サックスの強気予想は市場に大きなインパクトを与え、4日の相場は急騰、その後の70ドル突破につながった。

なぜ、ゴールドマン・サックスのリポートが注目を集めるのかといえば、08年5月には２００ドルまで上昇する可能性があるとする超強気の相場予想を出すなど、08年の歴史的な原油の投機相場を結果的に最後まであおり続けた「前科」があるからだ。そして、その後の金融危機と商品相場暴落過程では、予想を相次いで下方修正、弱気筋に転じていた。そこに出てきたのが今回の上方修正であり、冒頭のフリン氏のコメントにつながった。ゴールドマン・サックスの強気再転換は、金融危機で大きな痛手を被ったはずの投機筋復活ののろしでもある。

◆原油相場の生死はＦＲＢ次第

産油国も含め石油業界関係者の多くが、この時点での原油の現物需給関係は依然、緩和状態であり、過去数カ月の原油価格の上昇はファンダメンタルズに合っていないと警告していた。景気後退で足元の需給は緩んでいるものの、信用市場の改善で、現物在庫の持ち越しのための資金繰りが容易になったことが強気相場の復活につながった。

フリン氏はまた、こうした原油市場を取り巻く環境変化をよりわかりやすく説明する。それは「米連邦準備制度理事会（ＦＲＢ）によって生かされ、ＦＲＢによって死ぬ」（２００９年６月８日付リポート）というものだ。

同リポートは今回の相場反騰はＦＲＢが08年末にゼロ金利、量的緩和政策を発動したことから始まると指摘した上で、「原油価格は、金融緩和とそれに伴うドル安、そして財政出動によって押し上げられてきた」と強調する。つまり、原油価格は現物の需給関係ではなくＦＲＢの危機回避のための金融緩和策に伴い上昇しただけであり、もし、ＦＲＢが今後、政策を引き締め方向に転換した場合は、原油の強気相場もそこで終わるという見方だ。

米投資会社オッペンハイマーの石油アナリスト、ファデル・ゲイツ氏も09年6月16日付のフォーブス（電子版）で、現在の原油価格上昇は実際の消費に基づくものではなく、誰かが在庫を抱えて高値でないと手放さないといったような「ペーパー」上の需要にすぎないと指摘。需給関係からは原油価格の1バレル＝50ドル以上は正当化できないとの認識を示した。

同氏は、「過去4～5年間で、金融業者が石油ビジネスを牛耳るようになった。石油大手が相場に与える影響は投資銀行からの影響より小さい。つまり、エクソンとゴールドマン・サックスが同じ日に予想を出したら、市場はゴールドマン・サックスの予想を取るだろう」とも表現している。

市場規制強化に向かうオバマ政権

◆投資銀行による商品現物保有と投機

「2008年夏の米議会での投機抑制の議論は投機バブル破裂の主因となったが、議会は実際にはこうした過剰投機を封じ込めるための対策は何も導入できなかった。このため、09年の石油価格の新たなバブルを食い止めるものは何もない。実際、新たなバブルが既に始まっているようだ」

ヘッジファンド会社幹部、マイケル・マスターズ氏は09年6月4日、米上院の農業委員会でこう証言。さらに、「石油価格は需給という昔ながらのルールで決まるのではなく、ウォール街のトレーディング・デスクでおおむね決まっている」と投資銀行による投機復活に警鐘を鳴らした。

過去数年の商品相場高騰を先導した商品インデックス（指数）ファンドは、08年後半以来、当然ながら急激に運用成績が悪化し、規制強化懸念もあり、資金も大量流出した。しかし、米格付け会社スタンダード・アンド・プアーズ（S&P）によると、業界最大手の「S&P・GSCI」の総合収益率（トータル・リターン）は09年5月には19・67%と1990年9月以来、約19年ぶりの好成績となった。

運用成績さえ向上すれば再び増え始めるのは投機資金の常だ。オバマ政権がこうした投機復活を景気回復の前兆として容認するのか。それとも、2008年のようなエネルギー、食品価格の高騰、バブル再発を未然に防ぐための制度改革に本気で取り組むのかに注目が集まり始めた。

ゲイツ氏やマスターズ氏らの、原油市場での投資銀行の影響力が圧倒的に強まっているとの主張を裏付けるような興味深い話がある。ロイター通信は09年7月8日、英大手銀行バークレイズは軽油貯蔵のための新造の大型石油タンカー（VLCC）を予約したと報じた。投資銀行による大型タンカーの予約は、同年6月に米JPモルガン・チェースが、マルタ島沖合に軽油貯蔵用の大型石油タンカーを手配したのに次ぐもので、石油取引による利益拡大を目的としたものと解説している。

さらに、世界的な需要低迷を背景に、これまでに約6200万バレルの軽油およびジェット燃料が欧州沖合のタンカーに貯蔵されていると指摘した。これは、相場が将来の価格上昇を予測し、期近限月よりも期先限月が高い「コンタンゴ（順ザヤ）」の状態になっていることを受けて、価格の安い現時点では現物の売却を控え、在庫として保有することで将来の値上がり益を享受するという狙いからだという。

結局、大手投資銀行は、顧客のために、スワップなど各種デリバティブ（金融派生商品）で、商品の価格リスクヘッジ手段を提供するという金融サービスからさらに踏み込んで、実際の需要家でないにもかかわらず商品現物を保有し始めた。

投資銀行は金融技術革新により、金融機関が例えば航空会社のジェット燃料価格のヘッジ手段として原油スワップ取引などを開発、顧客に相対取引で提供するうちに、昔は持っていなかった商品市場でのノウハウも取得した。そして、原油や石油製品の現物取引業者ではないにもかかわらず、その圧倒的な資金力にものをいわせ、タンカー一隻分の原油を購入、保有することで商品相場での将来の値上がり益を、先物市場でのポジションを有利にすることも含め、享受することが可能となった。

実は、これと同様の話は、相場の高騰の目立ち始めた07年ごろからシカゴ穀物市場でもうわさされていた。それは大手投資銀行が、トウモロコシや大豆を保管するエレベーターと呼ばれる穀物倉庫の買収を検討しているというものだった。もし、投資銀行が本当に、何らかの形で、こうした形で商品現物事業にも参加していくとすれば、それは当業者であり、商品先物取引委員会（ＣＦＴＣ）の取組高報告における商業筋に分類され、ポジション（建玉）制限の適用を除外されてもおかしくないことにもなる。

本来、自由市場であれば、誰がどんな形で、現物、先物市場に参加してもそれ自体が悪というわけではないだろう。しかし、それが単なる投機目的であり、資金力にものをいわせ現物市場規模に比べて過大なポジションを取るとすれば、それは社会的影響の大きい買い占め行為であり、相場操縦にもつながりかねない。そこでは経営破たんの危機にひんした場合、国民の税金で救済されることは当然という社会的存在価値を認められた金融機関としてのモラルが問われることになる。

イリノイ州中部のトレモントで、三つのカントリーエレベーター（産地穀物倉庫）を運営する協同組合、トレモント・コーポラティブ・グレインの幹部、リチャード・サウダー氏は08年8月中旬のインタビューで、穀物相場の高騰について、「原因は単一ではなく、複合的だ。エタノールなどバイオ燃料が価格上昇の大きな原因であることは間違いないが、これは2番目の原因であり、最大の原因は投機だと思う」との認識を示し、こう憤慨する。

「さまざまなファンドを通じて、投資資金が商品市場を目指した。年金基金が5%の資金を商品市場に投入するだけでも、穀物市場にとっては大きな脅威であり、結果的に価格をゆがめた。市場参加者が農家やエレベーター、商業筋、需要家などが中心の時代は現物のファングメンタルズ（需給関係）をみていればよかった。農家は現在、何が相場に影響を与えているか理解できなくなっている」

カントリーエレベーターとサウダー氏

そして、小麦市場などで、先物と現物価格がコンバージェンス（収れん、最終的な一致）をしなくなったとの指摘についても極めて大きな問題だと厳しい視線を向ける。

「買い持ちだけの商品指数ファンドの急増も大きな原因の一つだ。彼らは、牛に飼料を与えるために穀物先物を買うわけではなく、単に価格が上昇すると思うから買う、つまり投機目的で買うだけだ。穀物業界ではヘッジ取引でリスクを相殺することがすべての基本であり、先物と現物価格の収れんが起こることが不可欠だ。これがなければ、先物市場は参加者の信頼を失い、シカゴ商品取引所（ＣＢＯＴ）もその機能を失ってしまう。ＣＦＴＣはこの機能を正常化させる必要がある」

◆規制強化に急転換するＣＦＴＣ

２００９年5月26日、オバマ大統領から就任早々に指名されていたゴールドマン・サックス出身のゲーリー・ゲンスラー氏は、ようやく議会の承認を得て、ＣＦＴＣの新委員長に就任した。同氏は6月4日の上院農業委員会で早速証言し、商品先物市場での投機筋のポジション制限について、「すべての市場、すべての取引プラットフォームに常時適用すべきであり、除外規定は限定され、厳格に運用されなければならない」と主張した。これは、大手投資銀行などが建玉制限対象から除外されたことが、過去数年の商品相場の高騰につながったというマスターズ氏らの主張を認めたものといえる。

ゲンスラー氏の前任だったウォルター・ルーケン委員長代行は、前年までの原油や金属、穀物などの商品相場の歴史的高騰はあくまで現物需給を反映したものであり、商品指数ファンドなどの巨大化する投機資金の流入の影響はほとんどないとして、投機資金規制に否定的だったことを考えると、政権交代による変化は明白だ。

ちなみに事実上ウォール街を擁護してきたルーケン氏は同年6月、ウォール街の本丸ともいえるＮＹＳＥユーロネクストの幹部という天下り先を確保した。

一方、ゲンスラー新委員長の「施政方針演説」に相呼応するかのように、米上院は6月23日に、昨年までの小麦相場の高騰では、商品指数ファンドなどによる過剰投機があったと認定する調査報告書を公表した。

小麦関係業界は昨年春までの相場高騰を受けて、CBOTなどの小麦先物価格と、受け渡し地の現物価格が本来起こるべき収れんが難しくなっていると抗議、過剰投機の抑制を求めていた。

報告書によると、「指数トレーダー」の小麦先物の建玉は、04年には1日3万枚程度だったが、08年半ばには22万枚まで7倍超に急増したという。また、全取組高に占める指数トレーダーの建玉の比率は06年以後、全体の35～50％を占めるまでになったという。

さらに、当限の納会（最終売買日）までに先物と現物の価格差（ベーシス）は、収れんにより理論的にはゼロに近づくはずだが、指数トレーダーがぎりぎりまで買い持ちを続けた結果、先物価格が現物価格に比べて割高な水準にとどまったという。

こうした過剰投機を抑制するために、報告書は指数トレーダーに認めた適用除外を撤廃し、小麦市場では6500枚という通常の建玉制限を適用すべきだなどと勧告。CFTCは05年以来、指数トレーダーに対する建玉制限を緩和しすぎたと批判した。

◆抜け道封じに着手

CFTCは2009年8月20日、英金融サービス庁（FSA）と、エネルギー先物市場の国際的な監督強化で合意したと発表した。米国産原油WTIの相場が、抜け道となっている英市場での取引でゆがめられているとの批判を受けたもので、インターコンチネンタル・エクスチェンジ（ICE）がロンドンで運営する原油先物市場についても、米国の取引所と同様にCFTCの監督下に置かれ、詳細な情報開示を義務付けられることになった。

一方、エネルギー先物に比べれば、従来から規制制度が比較的整っていた農産物先物でも具体的な規制強化策が打ち出された。トウモロコシ、大豆、小麦先物における建玉制限における、指数トレーダーの適用除外問題で、CFTCは8月18日、指数ファンド関連業者2社に対して、適用除外を認めるために出していたノーアクションレターを撤回したと発表、ついに建玉制限の「ループホール（抜け道）」封じに乗り出した。

また、CFTCは先物市場の透明性確保のため毎週末に発表している市場参加者別の取組高報告（COT）について、09年9月から主要22商品先物で市場参加者をさらに詳細に分類する新方式の公表も開始した。商品指数ファンドなどの投機筋が実際にどの程度市場に参加しているかを他の市場参加者にも確認できるようにするのが狙いだ。

従来は、参加者を「商業筋」と「非商業筋」の2種類しか分類していなかったが、新方式では「生産者・商社・加工業者・需要家」「スワップディーラー」「マネージドマネー（商品投資顧問会社＝CTA＝やCTOなど伝統的商品ファンド関係業者、ヘッジファンド）」「その他報告義務者」の4分類されることになった。

その結果明らかになったのは、やはり、指数ファンドなどの投機筋の占める比率が伝統的な市場参加者に比べて極めて高まっているという事実だ。例えば、ニューヨーク商業取引所（NYMEX）のWTI原油先物の場合で、参加者の大半が実際に石油ビジネスにかかわる業者ではなく、金融機関や投資家だ。買い建玉の合計に占める参加者別の内訳（09年9月29日時点、先物のみ、スプレッド取引含む）ではスワップディーラーが41・5％、マネージドマネーが24・7％、その他が17・8％だったのに対し、「生産者・商社・加工業者・需要家」はわずか9・5％にすぎなかった。

そもそも、生産者や商社はヘッジ売りで先物市場を利用することが多く、売り建てではその比率が高まるが、それでも「生産者・商社・加工業者・需要家」分野は26・1％にとどまっている。

◆CMEは指数ファンドを擁護

2008年夏をピークとする商品市場でのバブル相場では、同年春から秋にかけて、米議会を舞台に特に商品指数ファンドなどの投機資金の規制をめぐり激しい議論が戦わされた。そして09年に入り、オバマ政権下でCFTCの新体制が発足するとこの論戦も再開された。このうちCFTC主催で、7月28、29日、8月5日の3日間開催された「エネルギー市場での建玉制限とヘッジ取引適用除外に関する公聴会」での議論を簡単に紹介しながら、08年の商品相場の歴史的高騰が提起した構造問題を改めて探ってみる。

「先物市場は農家や生産者、そして他の市場参加者にとって重要なリスク管理手段を提供するだけではなく、家族が夕食メニューを決める際にも大きな影響を与える。先物市場が米国民のために確実に機能するようにすることがわれわれの仕事だ」

ゲンスラーCFTC委員長は、7月28日の公聴会開催に当たりこう宣言。そして、「金融リスク管理を目的とする非商業筋（投機筋など）にも建玉制限の除外規定を適用してもよいか」などがこの公聴会の大きなテーマだと問題提起した。

そして公聴会初日には、商品先物業界の専門家や石油製品業界団体幹部、上下両院議員、そして商品先物取引所幹部が登場した。

バーニー・サンダース上院議員（民主党系無所属、バーモント州）は、「米国民はウォール街の強欲が引き起こした過剰投機とバブル経済に倦んでいる」と手厳しく批判。「国民は金融機関がなぜトラック会社や航空会社、燃料ディーラーと同様の扱いを受けるのか理解不能」だとし、金融機関への厳格な建玉制限の適用を強く主張した。

さらに同議員は「ゴールドマン・サックスが石油価格の上昇を予想したとき、彼らは石油先物市場で利益を上げている」と糾弾。金融機関の石油市場の分析を行う部門と、石油関連資産を管理したり、エネルギー派生商品の取引を行う部門が同じ傘の下にあるという利益相反を排除すべきだとも訴えた。

そしてこの日、石油製品のNYMEX、穀物のCBOTを傘下に収め、米国の先物出来高の8割近いシェアを持つ世界最大の先物取引所CMEグループのクレイグ・ドナヒュー最高経営責任者（CE

O）も証言に立った。

同CEOは建玉制限自体には賛意を示し、CFTCに敬意を表した。

しかし、「商品指数投資は多数の小規模投資家にとって資産分散とインフレヘッジの利益を得るために効果的な手段」「商品相場高騰は通常の需給要因の結果だ」などと従来からの主張を強調。指数ファンドやスワップディーラーに対し建玉制限を適用した場合、「商業筋のヘッジ取引のための流動性が低下、取引が取引所外に流出してしまう」と批判、指数ファンドの規制強化に反対する姿勢を明確にした。

◆ゴールドマン・サックスVSマスターズ氏

翌29日にはいよいよ、今や世界の金融業界に君臨し、米国の政治経済を仕切っている感もあるゴールドマン・サックスの商品担当幹部が登場した。ゴールドマン・サックスは、商品市場の最有力商品指数であるS&P・GSCIを開発、今では原油相場で石油メジャー以上の影響力を持つ民間企業ともなった。

証言に立った同行のマネージング・ディレクター、ドナルド・キャストゥロー氏は、以前は原油デリバティブ関連事業担当幹部として、石油業界や航空業界のヘッジ取引、つまり原油価格スワップを担当、現在は、商品指数関連事業の責任者だという。いうなれば、「スリップディーラー」「指数トレーダー」に対する建玉制限の適用除外問題の核心を知る人物だ。

同氏はまず、指数トレーダーについて、長期投資のスタンスであるがゆえに、「生産者の価格リスクを引き受ける」ことができ、「商品市場で過剰となったヘッジ需要を相殺する」などの重要な役割を果たしていると主張した。

さらにスワップディーラーは、現物の生産者や需要家が価格リスクをヘッジするための手段を相対取引（OTC）市場で顧客ニーズごとのオーダーメードで提供することができるようになり、「商品先物市場でも中心的な役割を果たすようになった」などと擁護。スワップディーラーは建玉制限の適用除外があることで、自分たちの価格リスクを中立にできるなどと訴えた。

そして公聴会の3日目、満を持して商品指数ファンド批判の急先鋒であるマイケル・マスターズ氏が証言に立った。同氏はまず、ゴールドマン・サックスの幹部が前年の上院公聴会で商品指数ファンド市場を創設した20年前の状況を説明したくだりを引用した。

「われわれの顧客には、将来生産する商品を先渡しで売りたい人しかいなかった。例えば、多くの顧客は油田を採掘したがっており、資金を借りるために油田から将来受け取れる石油の価格を予測する必要があった。そこで、（先物を）売ろうとしたが、市場には純粋な買い手はいなかった」

ゴールドマン・サックスはこうした状況があったため、1990年代初めに、「ロング（買い持ち）のみの投資家を創出する」ことを思いつき、商品指数ファンドを考案したという。

こうしたゴールドマン・サックス幹部の説明について、マスターズ氏は、「商品の生産者からの売り圧力を相殺するために、売り圧力を十分吸収できる買い圧力を見つけるというのがゴールドマン・

サックスの解決策だった」と推測。そして指数ファンドの拡販に成功したが、生み出された「指数ファンドの大量の買い圧力は生産者の売り圧力を大幅に凌駕し、結果として商品相場の急騰をもたらした」との認識を示した。

さらに、農産物市場などでは、人手の売り手はいなかったため、「大量の売り圧力がない中で、商品指数に連動するファンドなどの投機筋の巨大な買い圧力が、世界中での食品価格の高騰、食料を求める暴動につながり、数百万人もの人を飢餓の脅威にさらした」と糾弾。そして、「これは人々の生活に打撃を与える〝金融イノベーション〟のいい例だ」と皮肉を込めて結論付けた。

マスターズ氏は「商品指数ファンドに建玉制限の適用除外を認めるべきではない」という従来からの主張からさらに踏み込み、「商品指数スワップ、商品指数ファンド、上場投資信託（ＥＴＦ）などの商品デリバティブ市場でのパッシブ運用は禁止すべきと確信している」とまで言い切った。指数に連動させることで市場平均並みを目指す「ロングオンリー（買い持ちのみ）」のパッシブ運用は、本来売り買いが交錯することで適正な価格が形成される先物市場には向かないということだ。

◆商品投資はどうなる

ＣＦＴＣは、民主党オバマ政権下で、商品先物市場での投機規制の強化を何らかの形で実行する方向に傾いている。しかし、それはゴールドマン・サックスを象徴とし、米国の政治経済の中枢を握る金融資本を敵に回すことになり、当然、政治的工作などさまざまな抵抗が予想され、容易ではない。

さらに、過去20年近く進展してきた経済、市場のグローバル化の中で、年金を含めた機関投資家のポートフォリオ分散の必要性自体については、なかなか否定しにくい。株式、債券、為替、各種証券化商品、そしてコモディティー（商品）にも資産を分散しておくというアイデア自体は合理的なものだ。特に、インフレになり、株式、債券が大幅に下落する場合には、商品相場は理論的に上昇することが多いという独自性を持つ。現在見られるように、米ドルの基軸通貨としての地位の揺らぎが始まる中で、金相場が過去最高値を更新していることも商品への分散投資の価値を高めている。

実際、商品相場への短期、中期、長期の強気論が根強い中で、世界の金融機関は改めて商品投資部門の強化に動いている。米金融大手シティグループは２００９年10月、傘下の商品取引会社フィブロを米エネルギー大手オキシデンタル・ペトロリアムに売却することを決める一方で、石油、農産物、商品指数投資分野で新たな人材を採用し、自前で商品投資部門を拡充する方針を明らかにした。

過去数年の商品相場ブームをつくりだした著名投資家、ジム・ロジャーズ氏は、08年後半の暴落を経ても依然、商品市場への強気姿勢を崩しておらず、09年10月8日のロイター通信とのインタビューでは、農産物市場では砂糖、貴金属では長期的には金に特に強気だとし、原油価格も将来の枯渇を考えれば、１バレル＝２００ドルまで上昇するとの見通しを示した。

さらに、金や石油のＥＴＦの取引開始も相次いでいる。こうした商品ＥＴＦ投資の拡大は一般個人投資家の商品指数への関心の高まりも背景にある。比較的少ない売り方に対して、買い方ばかりが増える状況の中で、商品先物市場の「当業者の価格リスクヘッジ」という本来の役割を果たせるような規制整備が可能かどうか。

マスターズ氏や著名投資家ジョージ・ソロス氏らは、株式や債券といった証券市場と商品先物市場の本質的な相違に着目している。証券はしょせん抽象物で、〝ペーパー〟だけの世界の話であり、それがファンダメンタルズを逸脱してバブルになっても、はじけたときに影響を受けるのは、自己責任で参入した投資家と、財務計画を狂わされる発行体企業ぐらいだ。

一方で、商品先物市場では、現物需給を無視したバブル的な値動きとなった場合、生活必需品の価格にもすぐさま波及し、一般市民の生活にも大きな打撃を与える。それがゆえに、商品先物市場の監督当局は長い間、建玉制限などの仕組みで過度の投機資金の流入を防いできた。商品先物取引における商品指数ファンドへの建玉規制の問題は、専門的でテクニカルな話にみえるが、実は一般消費者にとっても重要な話でもある。

10年1月中旬、CFTCは穀物市場と同様に、エネルギー市場にもCFTCによる建玉制限を導入する方針を発表した。NYMEX、ICEで取引される軽質油、ヒーティングオイル、ガソリン、天然ガスなどが対象だ。

これに対し、先物業界はただちに、規制強化に反対する意向を表明したが、肝心の商品指数ファンドにも建玉規制を課すかどうかは明記されておらず、市場ではむしろ安堵感が広がった。これが、オバマ政権がウォール街に大幅譲歩した結果なのか、それとも段階的規制強化のアプローチを取ろうとしているためなのかは現時点では不明だ。

さらにＣＦＴＣのゲンスラー委員長は同年3月上旬、証券会社には義務付けられている調査部門、投資代行部門、トレーディング部門のファイアウォール（業務障壁）規制及びインサイダー取引禁止規制の商品先物市場への導入を検討する方針を表明した。これらが本当に実現するのか、オバマ政権の商品相場高騰抑制の本気度が改めて問われることになる。

第5章

米国農業の強みと限界、変化の兆し

第5章では、復権を目指す米国のエタノール業界の近況を紹介するとともに、米国農業の強みと限界、そして変化の兆しに注目する。エタノール業界は現在、次世代エタノールの実用化を急ぐとともに、トウモロコシ原料エタノールの持続的成長確保に必死だ。そこでは生産効率の高さを誇る米国農業の底力が問われている。一方で、米国の消費者の間では、これまでの工業生産的農業に対する見直しムードも少しずつ出始めている。ある有機農家のインタビューを交え、農業の理想像を考える上での手掛かりを探る。

100年に1度、大恐慌以来とされる世界経済危機をもたらした2008年9月のリーマン・ブラザーズの経営破たんから1年以上が過ぎた09年秋、米株価の戻り歩調に一段と弾みがつくとともに、原油などの商品相場も戻り歩調となった。

ただ、08年前半までの大投機相場とは違いも多い。米経済への信頼失墜からドル相場が中期的な下落トレンドを鮮明にし、基軸通貨としての地位が大きく揺らぎ始めた点もその一つだ。それは、米ドル建てで取引される原油などの商品価格の他通貨からの割安感をもたらし、さらに押し上げる効果を果たした。さらに、ドル基軸通貨体制への不安は究極の通貨ともいえる金相場に、単にインフレヘッジ手段としてだけではない輝きをもたらした。

09年の米経済の回復傾向、米株価の順調な戻りと裏腹な、特に同年末までの米ドルの下落トレンドは何を物語っているのか。リーマン・ショック以後の米連邦準備制度理事会（FRB）や財務省などの危機対策である実質ゼロ金利政策、大手金融機関や自動車会社への公的資金注入、財政出動などが単なる問題先送りの緊急避難策でしかなく、米経済の構造の本質的な矛盾を拡大させていることをマーケットが見抜いているからかどうか。

米経済は08年後半から、短期的な楽観と長期的な悲観が交錯し続けた印象も強い。景気回復ムードは中国など新興国の力強い成長再開にけん引されているが、一方で、単に金融バブルを再発させた結果にすぎない可能性もある。原油などの商品相場の反発もその一つの表れかもしれない。

既に多くの人がこうしたからくりに気付き、商品市場などでのバブル再発の可能性に警告を発している。しかし、投機筋への厳しいポジション（建玉）制限の適用などもまだ議論半ばであり、商品市場への規模をはるかに超える投機資金の再流入を食い止める手だてはできていない。

製造業の衰退が続く中で、米国はバブルを再発させても金融立国として、株式、債券、為替、商品市場での取引を再び拡大し、金融機関幹部への高額報酬にある程度目をつぶっても関連ビジネスを奨励し、国富の目減りを防ぐしかないと思っているのかどうか。

そうした中で、米国の隠れた戦略産業である農業は金融バブルに翻弄されながらも、堅実にビジネスを拡大している。広大で肥沃な国土を活かし、世界の食料供給基地としての地位の維持を狙う。その武器の一つは遺伝子組み換え（GM）技術による単位当たり収量の拡大だ。そして、収量拡大を背景に、エタノールなどのバイオ燃料にも継続的にテコ入れを続け、エネルギー自給率の向上にも余念がない。

自動車の動力源としてはハイブリッド車に続き、電気自動車がにわかに世界的に脚光を浴び、バイオ燃料への関心は急速に低下しているようにもみえる。また、農地や農産物を、食料と燃料両方の供給源として両立させる綱渡りは続き、不作が発生するたびにさまざまな議論が今後も予想される。

しかし、将来の化石燃料からの脱却が世界的課題となる中では後戻りもできない。また、穀物が豊作になった場合のバッファーとしてのバイオ燃料向け需要は既に穀物の需給構造に組み込まれている。そして、伝統的な穀物を原料とするバイオ燃料に頼らない、セルロース（植物繊維）系などの次世代バイオ燃料の開発、実用化では、米国民の最大の強みである不断にイノベーション（革新）に挑戦するベンチャー精神は健在だ。そこには、起業家を支援するリスクマネーもまだある。

農業革命、エネルギー革命を米国の金融業界・市場が、副作用を抑制しながら支え続けることができるかどうかが、米国がもうしばらく世界の経済覇権を維持していくための一つのカギを握るのかもしれない。

バイオ燃料ブーム、その後

◆エタノール悪玉論との戦い

「商品インデックス(指数)ファンドなどの投機資金が商品相場を押し上げる一つの要因になったことは確かだ。例えば、トウモロコシ相場では1ブッシェル=2・5ドルから同5ドルまではファンダメンタルズが押し上げたが、その後の1〜2ドルは、バイオ燃料需要や投機が押し上げたという印象だ。また、原油市場の方が、穀物市場よりも投機で押し上げられた程度は大きく、1バレル=80ドル以上は投機が原因だとの見方もある」

筆者がシカゴに赴任した直後の2005年2月中旬、米国で勃発したエタノールブームを解説してくれた独立系では米最大手の先物取引会社、R・J・オブライエンのマーク・メッガー執行副社長は約3年半後の08年7月中旬、再びインタビューに応じてくれた。

同氏は商品先物市場での投機抑制議論について、適正な建玉制限と情報開示が重要であり、若干の規制の強化は妥当だとの認識も示した。規制強化を嫌うはずの先物業界人としては意外なコメントだ。

そして、エタノール業界の現状については、「工場建設の新規資金の獲得が難しくなり、マージン（利ザヤ）も極めて薄くなるなど、業界は成熟期に入ってきた」と冷静な判断を示す。

エネルギー政策における再生可能エネルギーの役割については、セルロース（植物繊維）系エタノールがやはり解決策になるだろうとする一方で、「実用化にはまだ5年以上はかかると思われ、それまでは穀物原料のエタノールも一定の役割を果たし続ける。エタノール産業は、ペースは鈍化するものの安定成長はできるだろう」との長期展望を示してくれた。

イリノイ・リバー・エナジー

過去3～4年間、米国のエタノール業界は米経済と信用市場のバブルとその崩壊とも並行する形で、一大ブームとその後の経営環境悪化と人気急落という激動を経験した。その中で、エタノール業界の最前線にいる関係者は果たして何を感じたか。

08年12月16日、シカゴから最も近いエタノール工場の一つである、イリノイ州ロシェールにある独立系のエタノール生産会社「イリノイ・リバー・エナジー」のマーサ・シュリカー副社長（技術・営業担当）を訪ねた。

この日、業界が置かれた状況を象徴するかのような厳しい冷え込みとなり、雪もちらつき始めた工場の一角にある小さな事務所棟でシュリカー氏は出迎えてくれた。同氏はまず、エタノール業界にとって厳しい時期が続いていることを正直に告白する。

「今年のトウモロコシ価格の高騰にはさまざまな背景があったが、供給が不足するという不正確な予想が不安を引き起こしたためだ。エタノールが悪者になったが、その後のトウモロコシ価格の下落で、エタノールやトウモロコシに食品価格の高騰の責任がないことが明らかになった。エタノール業界はこうしたトウモロコシやエタノール価格の乱高下で、マージンが縮小し厳しい状態が続いている。マージンの薄い状態はもうしばらく続くが、工場の効率化に取り組むにはいい機会だと考えている」

その上で、米政府への支援継続に期待を寄せる。

「オバマ次期大統領はイリノイ州上院議員に立候補した際に、当社のパイロット工場を視察しており、技術的な問題までよく理解している。また、次期エネルギー長官（ノーベル物理学賞を受賞した中国系の科学者、スティーブン・チュー氏）は再生可能燃料の品ぞろえ拡充を強く主張しており、再生可能燃料基準（RFS）を強化する姿勢にも勇気付けられる。原油価格の下落は、昔の状態に戻ることを意味するのではなく、引き続き持続可能な将来のためにバイオ燃料政策を強化していくという方針も既に示唆している」

最後に改めて、穀物価格高騰時の「食料か、燃料か」という議論について聞くと、世間の誤解を指摘するとともに、トウモロコシ原料のエタノールはまだ有望だと語った。

「結局、作られた話だった。多くの人が知らなかったのはエタノール向けに供給されるトウモロコシの3分の1は家畜の飼料になっていたということだ。さらに、通常のトウモロコシは飼料用であり、食品向けではなかった。食品価格の上昇を加速させたのは、トウモロコシ価格の上昇ではなく、石油価格の上昇だった。食料、飼料、燃料をバランスよく供給するのに十分なトウモロコシがあるのは間違いない」

◆復権目指すエタノール業界

「ヌアイミ氏の悪夢は米国の経済、エネルギーの将来にとっての夢であり、それが今現実になりつつある」

米エタノール業界団体「再生可能燃料協会（RFA）」のボブ・ディニーン理事長は2009年2月下旬、テキサス州サンアントニオで開催された業界恒例の年次総会「全米エタノール会議」で基調講演し、再生可能エネルギーの拡大は石油業界の投資を委縮させる「悪夢のシナリオ」だとするサウジアラビアのヌアイミ石油鉱物資源相の発言を紹介。自信喪失気味の業界関係者を鼓舞した。

同理事長は、さらに、次世代のセルロース系エタノールについては、「（実現が）近い、あるいは、視野に入ってきた」という段階ではなく、「今やここにある」と述べ、商業生産もすぐに始まるとの認識を示した。そして、「オバマ大統領も今や大胆な行動が必要なときだ」と、政府による資金面などの支援を求めた。

一方、この会議で最大のテーマとなったガソリンへの混合比率の上限引き上げについては、「エタノール需要を制限し、セルロース系の成長とRFSの成功を損ねかねない『ブレンドの壁』を打破する重要なテーマだ」と、米環境保護局（EPA）に比率上限の引き上げを強く訴えた。

こうしたエタノール業界の生き残りへの強い思いに対し、オバマ政権は冷静に対応している。

「私のボス、つまり大統領は極めて明快だ。……われわれの土地、農場、牧場が再生可能なエネルギーや燃料を生産する能力を拡大するために全力を尽くしたかを確認したがっていた」

元アイオワ州知事のビルサック農務長官は2009年2月下旬、ワシントン近郊で開催された毎年恒例の農務省主催の農産物展望会議で、オバマ大統領のバイオ燃料に対するスタンスをこう表現した。

アイオワ州に次ぐ農業州のイリノイ州が地元のオバマ氏にとって、エタノールなどのバイオ燃料は昔から馴染みの深い業界であり、支援してきた。しかし、08年の食料価格の高騰で、エタノールがにわかに悪玉になってからは微妙に揺れた。トウモロコシ原料のエタノールより、農産物の残余物などから生産するセルロース系エタノールの研究開発促進を前面に据える軌道修正をした。

しかし、セルロース系の本格商業生産はまだ先の話で、当面はトウモロコシ原料のエタノールが中心にならざるを得ない。ビルサック農務長官は昨年の穀物価格高騰時に世界的にも沸騰した「食料か、燃料か」という議論について、「われわれは両方を賄う能力があり、その必要がある」と断言し、政府としてエタノール生産を引き続き支援する姿勢を明確にした。

◆混合比率引き上げに活路

特に08年後半からの、米エタノール業界の苦境は、過去数年の過度の工場建設ラッシュ、原料トウモロコシとガソリン価格の乱高下が原因だ。しかし、第2章で見たように長期的、構造的問題として「ブレンドの壁」と呼ばれるガソリンへの混合比率の上限を10%とする現行規制も大きかった。

エタノール生産量は既にガソリン消費量合計の9%となり、普及の早かった中西部などでは既に10%の上限に達したところが多い。このためRFAなどエタノール関連業界団体は3月6日、EPAに対し、上限規制を10%から15%に引き上げるよう正式に要望した。この上限規制を緩和しなければ、生産の一層の拡大は見込めず、セルロース系と呼ばれる次世代エタノールの商業生産開始にも障害になると訴えた。

これを受けてオバマ政権はすぐに反応した。同月9日には、ビルサック農務長官は混合比率上限について、「15%に引き上げられることを望む。ただ、現時点での焦点はより早く実現すると思われる12~13%への引き上げだ」と明言。さらに、将来は20%も可能だとし、エタノール業界を強力に支援する姿勢をより明確にした。

ポエットのブロインCEO

この混合比率引き上げが最大のテーマとなった09年2月の「全米エタノール会議」の会場で、ベラサンの経営破たん後、事実上、エタノール専業のリーダー企業となったポエットのジェフ・ブロイン最高経営責任者（CEO）にインタビューした。同CEOはエタノール混合比率の上限規制について、現在の10％から15～20％に引き上げられることになるだろうと明言した。

――会社の概要は。

父親が農場からスタートし、今や米国トップのエタノール生産会社になった。7州に26工場あり、現在はセルロース系エタノールの実用化に力を入れている。工場は農家が共同出資する形のほかにも、投資家が資本参加するケースもある。工場はすべて自分たちで建設したもので、後から買収したものはない。

――新興のベラサンは経営破たんしたが。

われわれは20年以上、エタノール事業を行ってきており、リスク管理やマーケティングのノウハウがある。新技術への投資も行ってきた。ベラサンのケースはリスク管理にも問題があったのではないか。

――エタノール産業の現状と展望は。

大手種子会社の推計で、世界のトウモロコシ供給量は今後20年間で倍増すると予想されている。インドやメキシコ、中国などイールド（1エーカー当たり収量）が大幅に向上する可能性があるからだ。この結果、食料、飼料向け供給は20年間で40％増加する一方、エタノール向けは現在の5倍の500億ガロンは供給できるようになるだろう。また、セルロース系の可能性も極めて大きい。

――業界が直面する課題は。

やはり、10％というガソリンへの混合比率の上限、つまり「ブレンドの壁」の問題だ。（既に混合比率がこの上限に近づく中で）セルロース系エタノールも販売できる市場がなければ、誰もその技術投資の資金を出さない。エネルギー自給率向上、地球温暖化対策、環境にやさしい雇用の創出というオバマ政権の重要課題の実現のため、ＥＰＡも混合比率上限を15～20％に引き上げることになるだろう。

――食料不足懸念が再燃した場合、この比率引き上げが原因との批判が出ないか。

穀物の生産が増え続け、供給過剰が問題になると予想される中では、エタノール向けの増加はむしろ、トウモロコシ供給過剰の解消、需給関係の均衡化に役立つ。昨年の「食料か、燃料か」というエタノール批判キャンペーンで、多くの人が穀物原料のエタノールに対して消極的になったが、食品価格高騰の原因がバイオ燃料ではなかったと理解されるにしたがって、トウモロコシ原料のエタノールも復権しつつある。われわれは攻撃に打ち勝ったということだ。

――ポエットのセルロース系の試験工場ではトウモロコシの穂軸を原料にしているが。

トウモロコシの穂軸は栄養素が少なく、農家もセルロース系エタノール生産のために、畑から取り除くことに抵抗はない。さらに、取り除いた後はイールドの向上もみられるようだ。

◆次世代バイオ燃料への期待

２００９年２月下旬の全米エタノール会議では、セルロース系エタノールの研究開発の現状についても多数の詳細な報告があった。ある参加者は「去年の会議では、実用化はまだまだ先だなという印象だったが、今年は大分、現実に近づいてきた印象だ」と語った。実際、本格的な商業生産の工場稼働予定なども多く発表された。

トウモロコシ原料のエタノールに関しては反対意見が多いが、セルロース系など次世代エタノールには賛成論が大半だ。しかし、次世代に本格移行するまでの間に、エタノール業界が疲弊した場合、ガソリンへのエタノールの混合ビジネスそして、流通、販売という市場インフラも衰退してしまうというのが業界の懸念であり、トウモロコシ原料のエタノールへの支援を求める根拠となっている。

オバマ政権が政策の大きな柱に据える再生可能エネルギーの一つであるバイオ燃料が健全な発展を維持するためにも、エタノール混合比率を引き上げて、エタノール生産の拡大ペースを維持、インフラ整備を進め、次世代につなげるというのが関係者の思惑だ。

それではその次世代バイオ燃料の研究開発の現状はどうか。次世代バイオ燃料の原料としては、従来から知られているスイッチグラスやプレーリーグラスなどの北米で自生する草やチップや廃材などの木材資源、そして、トウモロコシの穂軸（Cob）や茎、葉、小麦やコメのわらなどの穀物の残余物、さらには、最近では「ジャトロファ」と呼ばれる熱帯植物や藻（Algae）に注目が集まっている。

アイオワ州立大学（同州エームズ）にユニークなバイオ燃料専門研究機関「バイオ経済研究所」を

設立したロバート・ブラウン教授は07年12月中旬のインタビューで、セルロース系エタノールの実用化ではトウモロコシの茎が最も有力な原料になるだろうとの見通しを語った。同研究所は02年にスタートし、この時点の研究者は7人だったが、現在は150人体制になっている。

同教授は、複数のチームをつくり、同時並行で異なったアプローチでの研究開発を進めているという。

「例えば、『バイオ化学』アプローチでは、セルロースから砂糖を作り、最終的にエタノールにする。そして、一般にはまだあまり知られていないが、バイオマスの変換に酵素ではなく、熱を利用するという『サーマル化学』のアプローチも研究している」

実用化見通しについては、「工場建設のコストが通常のエタノール工場に比べ5～6倍と高いのがネックだ」とし、実用化までの年数は「人によって見方は大きく違い、2年という人もいれば10年かかるという人もいる」と率直に語る。

さらに、原料については「トウモロコシの茎が最も容易であり、最初のターゲットとなるだろう。既に生産されているからだ。さらに、スイッチグラスも、米国の土壌に合っており、干ばつ耐性もあり、エネルギー生産効率も高く潜在性はある」としている。

RFAのデータに基づき、日本貿易振興機構（ジェトロ）シカゴが09年1月末に調査したところによると、全米で20社前後がセルロース系エタノールの試験工場や本工場を建設中で、既に試験生産を開始したところもある。

業界最大手のポエットは08年第4四半期にサウスダコタ州スコットランドの研究センターでトウモロコシの穂軸を原料にセルロース系エタノールの試験生産（年間2万ガロン）を始めた。さらに、11年末の本格商業生産開始に向けて、アイオワ州エメッツバーグで新工場の建設を進めている。当初の生産能力は年間2500万ガロン。09年7月にはトウモロコシの穂軸の収集作業を行った。

同社は「セルロース系エタノールはガソリンに比べ温室効果ガスの排出量を87％も削減できる」とその優位性を主張。さらに、トウモロコシの茎や葉、そして穂軸は通常、収穫後も農地に放置され、土壌の流出を防ぐとともに、有機肥料ともなるため、これらを除去した場合の土壌栄養素への影響が心配されているが、「米農務省の研究では、穂軸はトウモロコシの栄養素の2～3％を占めるにすぎない」とし、穂軸は除去しても土壌の栄養素はそれほど変わらないと訴えている。

◆〝藻〟がホープとして急浮上

一方、2008年末ごろから次世代のバイオ燃料の有力候補の一つとして、「藻」が急に脚光を浴び始めた。米コンチネンタル航空は09年1月7日、テキサス州ヒューストンで、世界で初めて藻を原料にしたバイオ燃料で飛ぶ旅客機の試験飛行を実施した。藻は食料不足の原因にはならず、輸送パイプラインやエンジンなどの基本インフラは従来の石油製品向けのものがそのまま流用できるなどいいことずくめだという。

「3～5年後にはバイオ燃料を使った商業飛行が実現しているだろう」

このバイオ燃料開発で中心的な役割を果たした、米複合企業ハネウェル傘下の石油精製技術開発会社ＵＯＰ・リニューアブル・エナジー・アンド・ケミカルズのゼネラル・マネジャー、ジェニファー・ホルムグレン氏は、７日の記者会見で、こう力説した。

試験飛行では、ボーイング「７３７－８００」型機の2基のエンジンのうち、1基は通常のジェット燃料を、もう1基には藻と熱帯植物「ジャトロファ」を原料にしたバイオ燃料とジェット燃料を半分ずつ混合した。試験機は当たり前だが、通常の旅客機と全く変わらないスムーズな動きでヒューストン国際空港を飛び立った。

ジェット燃料にバイオ燃料を使った試験飛行は08年2月に英ヴァージン・アトランティックがココナツなどを原料に初めて実施。同年12月末にはニュージーランド航空がジャトロファを原料にしたもので追随していたが、藻を原料に使ったのはコンチネンタル航空が初めてだった。

「藻からバイオ燃料を作れば、食品原料や貴重な農地には依存しなくて済む」と強調するのは藻のバイオ燃料を開発したベンチャー企業サファイア・エナジーのティム・ゼンク副社長だ。同氏は「藻は吸収した太陽エネルギーを根や種子や花に消費されることがなく、地球上で最も光合成の効率がよい植物だ。トウモロコシなどに比べ、単位面積当たりのエネルギー生産効率は１００倍以上」と胸を張る。

サファイアのゼンク副社長

そして、藻の生育には「日照が十分にあり、塩水もある砂漠的な環境が必要」といい、米ニューメキシコ州ラクルーセスに最初の生産設備を作る計画を進めていることを明らかにした。今後3～5年で日量1000バレル、最終的には同数百万バレル単位の生産が可能になるという。現在、同社のように藻を原料としたバイオ燃料の実用化に多くの企業が注目し、参入し始めている。

◆内燃機関は生き残れるか

リーマン・ショック後、当時まだビッグスリーと呼ばれていた米自動車大手3社の経営危機が一段と深刻化していた2008年10月初旬、ビッグスリーの本拠地ミシガン州のデトロイト周辺で取材活動をしていた筆者は、ある自動車業界専門家から意外なコメントをもらった。

この専門家とは、米独立系の自動車業界調査機関である自動車研究センター（CAR）の所長で、著名アナリストのデービッド・コール氏だ。当時の米自動車業界の危機のなまなましい話を聞いた後、自動車の将来の動力源はどうなると思うかとの質問に同氏はこう答えた。

「明確な勝者や敗者はいないのではないか。ただ、個人的には電気自動車（EV）と、セルロース系エタノールなど食用でない植物原料のバイオ燃料に大きな可能性があるとみている。特に、食用でない植物原料のバイオ燃料に極めて楽観的になりつつある。米国では、石油系燃料の40～50％は代替燃料に置き換わる可能性があると予想している。今後10～20年間で、自動車向けの化石燃料需要は劇的に低下するだろう」

米自動車大手の経営危機が深刻化する一方、世界的にエタノールなどのバイオ燃料に対する批判が高まる中で、エタノール車が話題になることもほとんどなくなっていただけに意外だった。既に自動車業界では、プラグイン型ハイブリッド車や電気自動車などの次世代の環境対応車に関心は移り、もはや、内燃機関の時代もいずれは終わるとのムードも広がる中で、バイオ燃料はあくまで電気自動車などへの中継ぎ役でしかないとの見方が増えていた。

予想以上に早く、ハイブリッド車や電気自動車が今後の自動車の主流になっていくとの最近のムードの中でも、特に欧州の自動車関連業界からは、内燃機関はしぶとく生き残るだろうとの発言も聞かれる。仮に内燃機関の燃料全体のパイが将来縮小していくとしても、当面は燃料の中では、セルロース系エタノールの実用化の進展とともにバイオ燃料のシェアは拡大を続けていくとの見方も根強い。エタノール業界関係者は不安を抱きながらも、まだ居場所はあると感じている。

◆石油会社はバイオ燃料と親和性ある

「世界的な信用危機で打撃を受けたバイオ燃料業界にとって、石油メジャーという新たな資金源がカンフル剤となりつつある」

09年10月19日付の米紙ウォール・ストリート・ジャーナルは、英BPなどの石油メジャーが次々と、特に次世代バイオ燃料の開発を手がけるベンチャー企業に投資していると伝えた。同紙によると、BPやロイヤル・ダッチ・シェルなどは以前からこの分野で積極的な投資家となってきたが、消極的だったエクソンモービルも参入を決めたと紹介。かつては競合関係にもあった石油業界もついに、バイオ燃料に本腰を入れ始めたということだ。

同紙によると、エクソンのティラーソン会長兼ＣＥＯはかつて、トウモロコシ原料のエタノールを「密造酒」のようなものだと批判したことで有名だったという。しかし、同社は09年7月、「藻」を原料とするバイオ燃料開発のベンチャー企業、シンセティック・ゲノミクスに6億ドル投資すると発表した。

そして、バイオ燃料業界は既に、石油大手が投資を集中化しつつあることの恩恵を受け始めている。ＢＰやシェルなどは長年、すべてのクリーンエネルギーを対象に、広範囲に投資を行っていた。しかし、ＢＰのヘイワードＣＥＯは、08年になって商業的に存続可能で、既存事業と適合するものに投資対象を絞り込み始めたことを明らかにした。そしてバイオ燃料はその対象となったという。製油所やパイプライン、配給網などの同社の既存インフラがうまく適合するためだ。

ＢＰの代替エネルギー部門の幹部、カトリーナ・ランディス氏は「石油会社はバイオ燃料ビジネスと自然な親和性がある」と指摘した。

シェルも同様の動きとなっている。同社は09年3月に、風力や太陽光への投資は拡大しないとする一方で、地球温暖化対策の切り札とされる二酸化炭素（CO_2）回収・貯留（ＣＣＳ）技術とともに、バイオ燃料に集中するとの方針を明らかにしている。

ただ同紙によると、石油メジャーもやはり、バイオ燃料でも、トウモロコシ原料のエタノールは避け、食料となる穀物に頼らない次世代バイオ燃料に焦点を絞っているようだ。

◆コーン原料エタノールへの逆風は続く

エタノールなどのバイオ燃料は、人気急降下の後、２００９年になって、ようやく復権の兆しも出始めている。しかし、トウモロコシを原料とするエタノールについてはまだ、「善玉か、悪玉か」の議論が続いている。オバマ政権が改めてエタノール支援姿勢を明確化したにもかかわらず、環境先進州のカリフォルニア州は、トウモロコシ原料のエタノールについて、温室効果ガス削減効果に疑問を呈し、厳しい課題を突きつけた。

カリフォルニア州大気資源局（ＡＲＢ）は09年4月下旬、自動車燃料からの二酸化炭素などの温室効果ガス排出削減を義務付けた世界初の規制である低炭素燃料基準（ＬＣＦＳ）の導入を正式決定した。この規制は、自動車燃料関連業界に、20年までに製品中に含まれる炭素分の10％削減を求めるというもので、今後10年間で同州内の化石燃料の20％が電気や水素、天然ガス、そしてバイオ燃料など代替エネルギーに置き換わるという。

その中で注目されたのは、ＬＣＦＳでは最終的に自動車から排出される二酸化炭素などの量だけに基づくのではなく、ライフサイクル・アセスメントの概念を導入し、燃料やエネルギーの生産過程すべてにおける温室効果ガスの排出量、吸収量を考慮に入れた点だ。

この結果、特にトウモロコシ原料のエタノールは、森林などを切り開いて耕地にすることにより、二酸化炭素の吸収量が減ってしまうなどとして、温暖化対策上、他の代替エネルギーに比べて劣ると位置付けられ、排出ガス削減量では不利な計算をされることになった。

RFAなどのエタノール業界関係者は、このカリフォルニア州の新規制案が明らかになる中で、特に土地利用の変更に伴う温室効果ガス排出・吸収量の変化の試算モデルに対し、「科学的根拠はない」と強く反発した。ARBはエタノール業界に配慮し、土地利用の変化を温室効果ガス排出量に算入する方法などを検討するための外部の専門家による作業部会を設置することを決めたものの、基準自体は見直さなかった。

カリフォルニア州の新基準導入により、「トウモロコシ原料のエタノールは本当に温室効果ガス削減に効果があるのか」という、かねてから指摘されていた本質的命題を改めて突きつけられた格好だ。一難去ってまた一難のエタノール業界の悩みはまだ続きそうだ。

"不自然な国アメリカ"と変化の兆し

◆したたかな米国農家

2009年2月中旬、前年夏に日本の大手商社の紹介で訪問したことのあったイリノイ州中部の中規模都市ブルーミントンノーマル市近郊のクックスビルで、トウモロコシ、大豆を生産する農家、マーチン・オニール氏を再び訪ねた。農家経営の実際、そして08年の収支決算について、もう一度詳しく聞きたいと思ったからだ。

昨年は本当にすごい年でしたねと尋ねると、「確かに今まで経験したことのないローラーコースターのような相場だった。自分の穀物を最高値では売れなかったが、最安値で売ったこともなく、年間で見れば財政的に過去最良の年だった」とにこやかに答えてくれた。

米国の農家は通常、どのようなタイミングと価格で穀物を売るのかを聞いてみた。

「例えば、今年産では、昨年夏から収入と費用を予想、予算を作成し、随時見直していく。値決めや売却は一度に行うわけではなく、1年間に10~15回程度に分けて行う。今年産では、昨年11月、今年収穫予定のトウモロコシの10%分を4・50ドルで売ることを決め、オプション取引でヘッジをした。

オニール氏

通常は受粉期の7月まではオプションや先物を使って売却価格を固定する。現時点では25%は値決めを終えた。通常は受粉期を過ぎるまでは50%以上値決めをすることはない。受粉期を過ぎてからは、フォワード（先渡し）取引を利用して現物の売却を始め、価格リスクを固定する。

昨年は、7月までに60~70%の値決めを済ませた。下落局面では売りを控えたが、年末と今年初めには安値で売らざるを得なかった」

オプション取引とは、ある株式や債券、商品のデリバティブ（金融派生商品）取引の一種で、ある原資産を、あらかじめ決められた将来の一定の日または期間において、一定の価格（行使価格）で取引する権利（オプション）を売買する取引だ。オプションの購入は先物の売買と比較してリスクが限定されることもあり、農家もよく利用する。

「（ヘッジには）先物も利用するが、オプションの方が、参加コストが少なくて済むことに加えて、先物取引で発生する追加証拠金の額に驚かなくて済むことがメリットだ」

一方、先渡し取引とは、ある特定の商品を将来の一定期日に受け渡しをすることを決めて取引する売買取引のこと。最終売買日までに取引所で差金決済を行うケースが大半の先物取引と異なり、相対取引で期限日に必ず現物を受け渡して決済する現物取引だ。価格変動リスクをヘッジするという目的は先物と一緒で、そのルーツともいえる。

日本の大半の農家が、肥料や農薬、農業機械の購入などの費用清算、そして収穫したコメの代金を仮渡し金とその後の清算金受け取りなど、作業のほぼすべてを農業協同組合に頼っているのとは大きな違いだ。米国農家は日々、シカゴ穀物先物相場をチェックし、どのタイミングでいくら売れればよいか、どの商品で価格ヘッジを行えばいいか自ら判断するシビアなビジネスマンだ。

オニール氏は、最近では極めて少なくなった遺伝子非組み換え（非GM）作物の生産者でもある。既に紹介したように米国では、トウモロコシ、大豆ともGM品が普及の上限近くまで達しており、日本人が好む非GMの生産者は毎年大幅に減ってきた。しかし、オニール氏は「08年は、トウモロコシは非GMが95％だったが、09年は１００％にする。非GMの価格プレミアムが魅力だからだ。大豆も非ＧＭが１００％だ」と意外な説明だった。

オニール氏は日本の商社にとっては、非ＧＭ作物のプレミアムをいくらにするかという価格交渉面で極めてタフな農家のようだ。しかし、いくら非ＧＭのプレミアムが魅力でも、米国内ではＧＭ品がほぼ完全に市民権を得たように見える中で、将来的な成算はあるのかとの質問にはこう答えた。

「実は、今年からトランス脂肪酸がゼロで、非ＧＭの大豆油を調理用油に使うというアイオワ州のベンチャー企業向けに初めて出荷することにした」

トランス脂肪酸とは加工食品などを植物油で揚げたりする場合に生じる副生成物で、心臓病との関係があるとされ、米国では06年1月から食品中の含有量の表示が義務付けられた。その後、ファストフードや食品メーカーが利用する植物油を続々とトランス脂肪酸を生成しないものに切り替えつつある。そのトランス脂肪酸を生成しない植物油原料用でも、ＧＭ品だけでなく、非ＧＭ品への需要も増えているというのだ。

さらに、「非ＧＭ大豆ミール（かす）もベビーフード大手向けに供給する予定だ」と語った。米国では生産に手間がかかり、需要家にとっては割高になる非ＧＭ品は、数年前に大手スナック菓子メーカーが原料トウモロコシを非ＧＭからＧＭに切り替えたと伝えられて以後、日本向け以外は、食品用でも非ＧＭ品は完全に淘汰されつつあると思っていた筆者にとってはちょっと驚きだった。

◆風力発電は〝冬の穀物〟

また、オニール氏にここ数年のエタノールブームについてどう思ったかも聞いてみた。

同氏は、エタノール工場向けにはほとんど出荷していないとし、「現在の自動車燃料の多くをエタノールなどのバイオ燃料で置き換えられるとは思っていない。あくまでも補完的なものだ。燃料供給の面で、短期的な解決策にはなるが、50年後はどうかわからない」と冷静な判断をしている。ただ、「エタノール生産の拡大は、トウモロコシ需要が増えるので、自分自身で直接原料供給はしていなくても歓迎だ」と付け加えた。

ブルーミントン郊外の風力発電地帯

ところでオニール氏は、サウスダコタの農家ウォルト氏のようにエタノールビジネスにはかかわっていないものの、別の副業をしている。それはオニール氏の農場を訪れるとすぐにわかる。同氏の農場のあるブルーミントンノーマル市近郊は中西部のごく一般的なトウモロコシ、大豆畑が延々と続くエリアだが、そこに突如、無数の風力発電装置が出現する。カリフォルニア州などでは大規模な風力発電地帯を目にする機会は多いが、イリノイ州中心に相当ドライブをしたつもりだった中西部で、大規模なのを見たのはこのときが初めてだった。

この「ツィングローブ・ウィンド・ファーム」と名付けられた風力発電地帯には、これまでに約２００の農家が保有する土地に２４０の風力発電装置が設置されている。手がけるのはテキサス州ヒューストンに本社がある大手風力発電会社ホライゾン・エナジーだ。確かに、適切な風さえあれば広大なトウモロコシ、大豆畑での風力発電は農地をさらに有効活用できる名案ともいえる。

同社のプロジェクト・マネジャー、ケイトン・フェンツ氏は、農家にとって風力発電は「穀物を栽培できない冬にも新たな収入をもたらす。いわば〝冬の穀物〟だ」と力説する。「発電能力はまだ、イリノイ州全体の1％にすぎないが、今後数年で全米の風力発電所は3倍に増加するとの予想もある」と意気込んでいる。

オニール氏は、家族や仲間らと会社を設立、ホライゾン・エナジーに対し、風力発電タービン設置用に土地を貸した。「われわれの農場では2007年から風力発電タービン10基が稼働している。土地のリース代として、1基当たり1年で5000ドルを受け取れる」という。「グリーン・エネルギー政策の一助になれば」という動機もあった。

米国の農業、農家は消費者に穀物、食料を供給するだけでなく、バイオ燃料、そして風力発電を通じて、エネルギーの供給者にもなれることに気付いているようだ。フェンツ氏は、エタノールブームでは、自分の故郷であるテキサス州の畜産農家は飼料高に苦しむというデメリットがあったが、風力発電は「誰もがハッピーなエネルギーだ」と胸を張った。

◆改めて米国農業の強みとは

米農務省が２００９年10月6日に公表した08年の農家所得は８７１億ドルと、前年比23％増と過去最高を更新した。エタノール需要増などを背景にトウモロコシ、大豆相場が史上最高値を更新したことを考えれば驚く数字ではないかもしれない。過去10年平均比では46％増の水準だ。

しかし、その後の穀物相場の急落で09年の農家所得は急減したもようだ。農務省の09年8月27日時点の予想では、５４０億ドルと、前年比では実に38％の減少、07年、08年の穀物のバブル相場の分が完全にはげ落ちるとの見通しだ。同省は「09年は需要が急減し、農家は生産計画が立てられた今年前半の予想を下回る価格の受け入れを余儀なくされている」と指摘した。

09年になって農家収入は前年までの反動から急減少しつつある。ただ、それでも08年までの空前の穀物相場の高騰により、米国の穀物農家の家計はまだまだ潤沢だ。

07〜08年ごろには、米中西部の農村地帯では、高級車が飛ぶように売れ、豪華な家が次々と建設され、高級品を売る小売店舗も続々できた。米国農家にとっては「ゴー・ゴー・イヤーズ」だったことは農家所得統計を見ても間違いない。

09年1月上旬、ミシシッピ川の河口、ルイジアナ州ニューオーリンズ周辺の米国の穀物輸出基地を1日だけ取材する機会に恵まれた。取材に応じてくれたのは、全国農業協同組合連合会（ＪＡ全農）の米国子会社で、米国産トウモロコシや大豆の輸出業務を行う全農グレインだ。

米国ＪＡグループは現在、全農向けの輸出エージェント業務、集荷資金、貿易資金の調達業務を行う米国全農組貿（ZUC）、伊藤忠商事も出資し、穀物集荷・物流事業を行うCGB、そして穀物輸出事業を行う全農グレインの3社が役割分担をしている。

ミシシッピ川河口から164マイル上流にある巨大な全農グレインの輸出エレベーターは1982年8月に稼働を開始した。保管能力は10万4850トン、船積み能力は1時間3000トンと米国内の単一の輸出エレベーターとしては最大規模だ。90年には年間船積み量1339万トンを達成した。これは現在もなお破られていない全米の最高船積み記録だという

全農グレインの輸出エレベーター

グループ会社のZGCは、米国の穀物輸出数量の10%を輸出している。中でもニューオーリンズ港における船積みシェアは16〜18%に達する。また、CGBの米国内での穀物集荷量のシェア（2006年）は16・7%で、カーギルの18・4%に次ぐ水準で、アーチャー・ダニエルズ・ミッドランド（ADM）とブンゲ（ともに15・5%）を上回っている。全農グレインの輸出先は50〜60%が日本向けで、45%が中国などアジア向けだが、米国の穀物輸出における日本と日系企業の予想以上のウェートの高さがうかがえる。

ニューオーリンズの対岸のコビントンにある全農グレイン本社ではチャールズ・コルバート執行副社長がインタビューに応じてくれた。

同氏はまず、08年の穀物相場の歴史的高騰、急落について、「世界

的な穀物需要増加と在庫減少、バイオ燃料奨励策による需要の急増、投機資金の増加などすべてが原因だろう。輸出需要やバイオ燃料需要の増加などの世界的な需要構造の変化で、農業への投資を増やす必要が出て、穀物価格の上昇が求められたということだ。投機筋は農家にとっても必要だが、昨年は大量すぎたかもしれない」と語った。

そして、米国の穀物生産はバイオ燃料需要の増加に対応できるかという質問に対しては、「これまではバイオ燃料業界の成長が速すぎた。しかし、今後3～5年をみた場合、イールド（1エーカー当たり収量）の向上もあり、米国の穀物生産は輸出向けと国内のエタノール向けの両方を十分に供給できる。農家もそう思っている」と、米国の政府当局や農業関係者とほぼ同様の見解を示す。

そして米国農業の強みとは何かを聞いた。

「米国の農業生産性は世界の他のどの国よりも高い。また、農家から需要家までの輸送インフラが整っている。われわれは素晴らしい河川輸送システムを持っており、効率的に供給でき、国際的競争力も維持できる。特にトウモロコシのコスト競争力は長期的に維持されるだろう。大豆についても、ブラジルにやや優位性があるものの、アルゼンチンを含めた3カ国が世界にシェアを分け合う構造も続くだろう」

米国の穀物生産は今後も、輸出需要と、バイオ燃料向けも含めた国内需要の両方を十分に賄っていくことができるということだろう。

米国農業の強みについては、米イリノイ州のクックスビルの農家、マーチン・オニール氏も次のようにほぼ同様の認識を示している。
「まずはやはり、コーンベルト、グレートプレーンズなど、生産性の高い農地が豊富にあることだ。カリフォルニア州に行けば、野菜の栽培に適した土地もある。次に、ミシシッピ川などの河川交通、バージ（はしけ）による輸送手段などの穀物ビジネスのインフラが整っている。さらに、化学肥料、農薬そしてＧＭも含めた種子、さらには農業機械、電子機器まで多くの企業が農業関連の技術に投資をしている。この三つが大きい」

◆モンサント、久しぶりの挫折

ＧＭ技術、そしてバイオ燃料ブームは米国の農業に明らかに大きな革命をもたらした。ＧＭ技術は主要穀物のイールドを高め、今後もさらに向上し、世界の飢餓対策にも貢献すると期待されている。そしてエタノールなどのバイオ燃料生産の急拡大は、従来は食料、飼料の供給手段でしかなかった農業に、エネルギー生産という新たな社会的使命を与えた。

もちろん、両者ともに異論、反論は多い。そして、穀物市場にも金融、住宅バブルが波及した。穀物価格の高騰はバイオ燃料議論を混迷させる一方で、ＧＭの必要性をアピールするという影響の違いも出始めている。

こうした穀物、食料、燃料をめぐる議論の中で、米国ではあまり問題となってこなかったもう一つのテーマがある。それは、日本や欧州では極めて関心が高い「食の安全性」あるいは「食の安心」の問題だ。日本や欧州では、消費者は今でもGM作物をできる限り拒否しようとしているが、米国ではほとんど気にされていない。BSE（牛海綿状脳症）問題でも似た状況だ。

この違いは、米国民が食品医薬品局（FDA）や農務省など、米政府当局の安全宣言に対して、そして科学に対して信頼があるからのように思える。一方で、日本では政府や科学に対する信頼が低いこともあるだろう。ただ、それ以上に米国で生活をしてみると、「食」に対する感覚や文化の違いにも気付かされる。

多くの米国民にとってみれば、「食の安全」は科学的な安全性がある程度証明されればいいようだ。GM作物に対して「悪魔」あるいは「フランケンシュタイン」の種子と命名した欧州の消費者のように、得体の知れない「不自然なもの」に対する生理的な拒否反応は少ない。大量消費社会を発展させる中で、低価格で大量に生産できる方法が徹底追求され、消費者はそれを積極的に受け入れてきた。ただ、こうした米国の消費者の姿勢にも少しずつ変化の兆しも出始めているようだ。

日本ではほとんど知られていない話だが、2006年ごろから、米国では成長ホルモンを使って肥育した牛から搾る牛乳の排斥運動が静かに広がった。その成長ホルモンを開発したのが、GM作物で、世界の種子ビジネスを制覇しつつある米農業バイオ大手モンサントだった。

同社がGM技術を利用して開発、乳牛に注射すると乳の出る量が大幅に増加する効果のある成長ホルモンが「rBST」で、商品名は「ポジラック」という。1993年にFDAから認可され、2006年ごろの段階では米国内の乳牛の約3分の1に投与されていたとされる。乳量は1日当たり平均で10ポンド増えるという。

rBSTは認可当時から、乳牛や人間への何らかの影響を懸念する向きも多かったが、06年になって、消費者の敬遠を背景に米小売業界などからの不使用牛乳への切り替え要求が強まり、大手牛乳メーカーも不使用への移行を打ち出した。07年には、米食品スーパー最大手クローガーや米コーヒーチェーン最大手スターバックスなどが相次いで、販売、使用する牛乳を「成長ホルモン不使用」に全面的に切り替えていった。

これに対し、モンサントは同年から本格的に、同ホルモンはFDAから安全と認定されており、「成長ホルモン不使用を表示することは、使用、不使用間の安全性や品質に違いがあるという誤ったイメージを植えつける詐欺的な広告だ」と声高に反発した。

しかし、同ホルモンは、欧州や日本では使用が禁止されているほか、「牛が病気になりやすい」「人間のがんを誘発する物質の増加をもたらす」などの意見もあり、米国でも成長ホルモン不使用牛乳を選ぶ消費者の流れは変えられなかった。

モンサントは、「成長ホルモン不使用」を表示した牛乳はその表現が消費者を欺くものだと米連邦取引委員会（FTC）などに申し立てていたが、FTCは07年8月までにこの問題を調査しないことを同社に通知した。

モンサントは結局、08年8月下旬になって突如、ポジラック事業を米医薬品大手イーライ・リリーの動物健康事業部門エランコに売却すると発表した。エランコは過去10年間以上、モンサントから、ポジラックのライセンス供与を受け、米国以外で販売してきた会社だ。

売却について、モンサントは種子・遺伝子というコア事業の成長に焦点を絞るためと説明した。しかし、米国の消費者が成長ホルモンを使用して生産した牛乳を再び積極的に買うようになるとは思われず、事業を続けていても企業イメージの悪化につながるだけという経営判断があったのだろう。

GM作物では、少なくとも米国ではほぼ完全勝利をした感もあるモンサントだが、GM導入当初の日本や欧州の消費者からの強い拒絶を思い出させるような乳牛成長ホルモンでの思わぬ挫折は、米国民の食に対する意識の若干の変化の兆しを示しているのか。それとも、これまでの大半の米国の消費者がGM作物を受け入れてきたのは、飼料用トウモロコシ、食用油（GM成分は残らない）用の大豆、そして綿花と、人間が直接たんぱく質に含まれるGM成分を摂取することのない作物だったためか。

実際、欧米人の主食である小麦、アジア人の主食のコメではモンサントも現時点ではGM品種の商業化については依然、様子見姿勢を続けている。直接飲む牛乳に関して、バイオ技術を利用して人工的に牛乳の量を増やす生産方式に対し、これまで人工的な食品に違和感を持たなかった米国の消費者も、日本や欧州の消費者同様、「あまりに不自然すぎる」と漠然とした不安を抱き始めたのかどうか、興味深い。

◆静かに増える有機農業

海外からは安価なジャンクフードで満足しているとみられることも多い米国の消費者の食に対する

最近の意識変化は、オーガニック（有機無農薬）などの自然食品の人気の高まりにも表れている。その象徴が、米自然食品小売り最大手のホール・フーズ・マーケットの急成長だ。米国の小売店といえば、日本では薄利多売のイメージが強いウォルマート・ストアーズが有名で、その他、クローガーなどの地域ごとの大手食品スーパーが乱立しているが、近年は大都市周辺で自然食品小売り最大手のホール・フーズ・マーケットの躍進が目立っている。

同社は２００７年８月にＴＯＢ（株式公開買い付け）により、ライバルのワイルド・オーツ・マーケッツを買収し、米国内での独占的地位を確固たるものとした。買収決着時点でホール・フーズは、米国、カナダ、英国に３０７店舗を持ち、06年の売上高は56億ドル。一方、ワイルド・オーツは全米23州、およびカナダに１０９店舗を持ち、年間売上高は約12億ドルだった。

こうした大企業によるオーガニック食品ビジネスが拡大する一方で、米国でも、日本の「朝市」のような小規模農家直販の「ファーマーズ・マーケット」が着実に増えている。

米国の戦略的輸出商品であるトウモロコシや大豆などを大型機械とＧＭ技術を駆使して生産する工業的な農業の中心地であるイリノイ州でも、手作りの有機農産物を販売するマーケットがあちこちに誕生し、各自治体も競って運営を支援している。07年秋に、ファーマーズ・マ

シカゴ市内のファーマーズマーケット

ーケット（農家市場）の取材をした際にも、「食品は安ければいい」と、品質へのこだわりの少なかった米国の消費者の意識変化が感じられた。

同州シカゴ市の西方郊外の小さな町、エルクグローブビレッジでも、毎週水曜日朝にファーマーズ・マーケットがたつ。通勤前に寄ったというある主婦は、「やはり新鮮なのが魅力」と言い、春から秋にかけてはなるべくここか隣町のファーマーズ・マーケットで野菜を調達するという。

図表5-1　全米のファーマーズマーケット数の推移

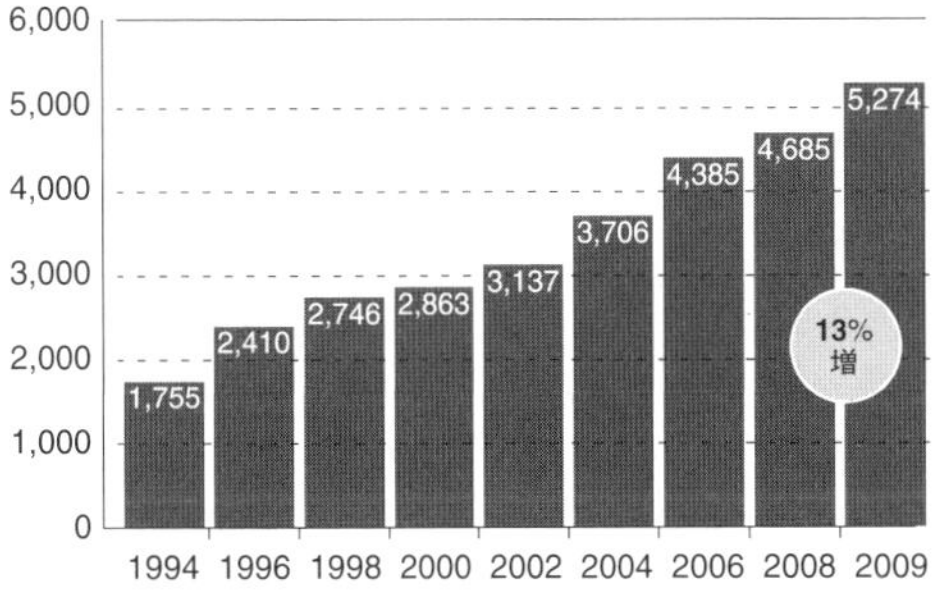

出典：米農務省 農業市場局

この市場で有機野菜を売るランディ・ブック氏は、前年秋から有機農業にかかわるようになり、この年初めて自分の作った野菜を売り始めたという。ブック氏は、「実家もトウモロコシや畜産の従来型農家で兄が継いでいる。自分は農薬で健康を害して農業から離れた」と言う。そして、有機農法に出会って再び農業に戻ってきた。

米農務省の農業市場局（AMS）が1994年以来、集計している全米のファーマーズ・マーケットの数は、94年の1755カ所から2009年には5274カ所まで着実に増加している。過去10年ほどで2倍、15年で3倍になった（図表5−1）。

ファーマーズ・マーケットの増加は有機食品ブームと軌を一にしている。有機食品の市場規模は過去10年ほど年率15〜20%

図表5-2　米国のオーガニック食品の販売額推移

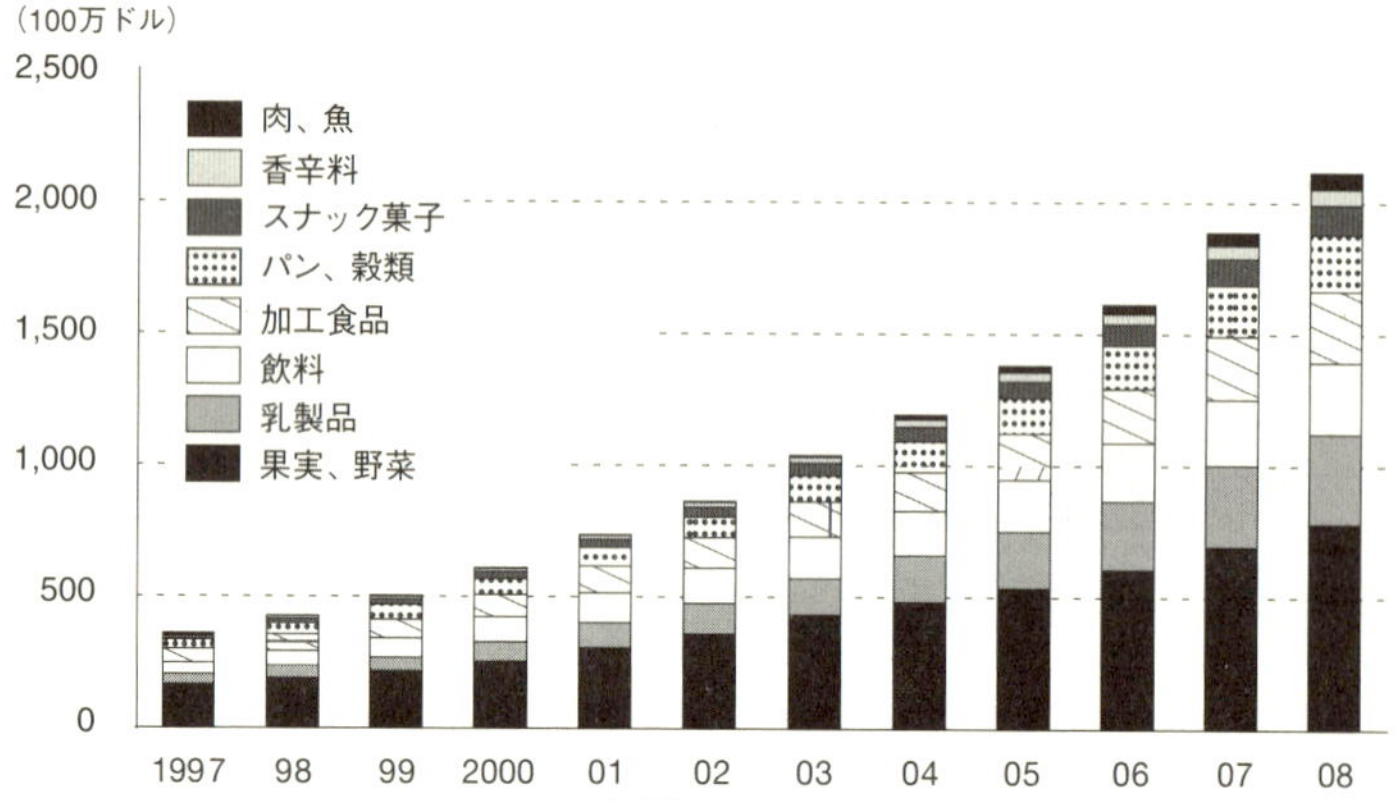

出典 米農務省リポート（原典：ニュートリション・ビジネス・ジャーナル）

の伸びを示している（図表5―2）。

「初めてファーマーズ・マーケットに行ったとき、その雰囲気に魅せられた」と語るのはシカゴ市北方郊外の高級住宅街、エバンストンに住むマージョリー・ソウルさん。日本の水菜といった米国では珍しい野菜も含め、実に多様で新鮮な野菜を販売するヘンリー・ブロックマン氏の店を見つけてからは、いつの間にか、土曜日の午前4時半という早朝から彼の出店準備作業を手伝うようになった。有機野菜は普通の食品スーパーの野菜に比べ高い場合が多いが、ソウルさんは「値段は関係ない」と言い切る。

実は有機農産物といってもさまざまだ。02年に正式導入された米農務省の認証制度があり、ホール・フーズなどではこの認証マークのついた商品を多く置いてある。しかし、農家直販マーケットでは実は「農務省の有機認証を得ていない店が大半」（業界関係者）だという。これは、この認証制度自体、農家にとって煩雑、コスト高で、負担ばかり増えてしまうなどの問題が多いためだ。

ソウルさんは、「有機の認証を得ているかどうかは関係ない。私は彼のこと、そしてどう育てているかをよく知っているから」と信頼を寄せる。

エバンストンから車で約3時間のイリノイ州中部コンガービルに農場を持つブロックマン氏は「15年前に有機農法を始めたときは、民間機関の認証をもらっていたが、この機関が農務省に引き継がれてからは手続きが煩雑になったこともあり、認証取得を見送った。その後、取得も考えたが、顧客は認証があるかないかは関係なかった。結局、消費者にとって作った人の顔が見えることが一番大事なのでしょう」と語る。

自分の有機農場を案内するブロックマン氏

ブロックマン氏の農地は、森や小川に囲まれ、米中西部にしては珍しく起伏のある地形だ。しかし、その外側はひたすら真っ平らな土地に、トウモロコシと大豆の畑が延々と広がる中西部の典型的な農村地帯だ。

07年9月末、ファーマーズ・マーケットの顧客、近所で直接販売している顧客を農場に招待する毎年恒例の収穫祭を開いたブロックマン氏は、参加者を同氏の畑と、通常の穀物農場の間付近を流れる小川のそばに案内し、「この小川にも大量の農薬が流出している。とても飲めないですよね」と皆に語りかけた。

同氏は15年前に比べれば、消費者の意識は明らかに変わったという。ホール・フーズの商業主義的な面に対しては本格的な有機農家からの批判も多いが、同氏は「消費者教育にはなる。最初にホール・フーズで学び、次のステップがファーマーズ・マーケットだ」という。

有機農法は手作業が多く極めて重労働だ。政府の多額の補助金を受けて大型機械で工業生産的な農業を手がける農家をはた目でみて、批判をしながらも、ブロックマン氏は「有機農家による直接販売は着実に増えている。農家もどんどん新規参入しているが、それでも供給が追いつかないぐらいだ」と顔をほころばせながら、有機農業に明るい展望を見いだしている。

持続的農業は小規模であり続けろ——ある有機農家との対話

２００９年3月中旬、イリノイ州中央部の見渡す限りトウモロコシ、大豆畑が広がる工業的農業の真っただ中で、有機農業を営むヘンリー・ブロックマン氏に農業の現実、理想像をどう考えているか聞きたくて、再び訪ねた。同氏は１９８０年代に名古屋、そして東京と日本で通算約5年間、英語教師やジャーナリズムの仕事をしていた経験がある。２００８年には米農務省が支援し、持続可能な農業を実践する農家に与えられるＳＡＲＥ（Sustainable Agriculture Research and Education Program）

賞を受賞した。話は単に有機農業の現状だけではなく、文明論、社会論、政治論など哲学的な話にまで広がった。

《ヘンリー・ブロックマン氏インタビュー》

――有機農家経営の現状は。

有機農家を始めて今年（09年）で17年目になる。販売は毎年拡大している。有機農業、そしてローカルフードへの関心の高まりもある。顧客は毎年増えており、ビジネスは順調だ。

地域支援型農業（CSA）の契約顧客は、昨年が180家族で、今年は200家族に達しそうだ。特に昨年急増した。今年は景気後退で伸び率は縮小しそうだ。ファーマーズ・マーケット（農家市場）での販売も増えている。

私のオーガニック（有機無農薬）野菜の価格は一般小売店とほぼ変わらず競争力がある。家族経営で人件費がかからないというのが大きい。また、高いケミカル（化学肥料、農薬）を使わなくてもいいというのもコスト安につながっている。

――景気悪化の影響は。

一部は受けるだろうが、私の顧客は毎年購入してくれて、忠誠心が強い。健康への関心も高い。高品質の野菜を買うという意識も強い。

――何種類ぐらいの野菜を生産しているのか。

数え方にもよるが、購入する種子の数は630種類（バラエティー）だ。それは、例えばトマトが70種類、ニンジンが15種類といったようなもので、野菜の数としては100種類以上というものだ。

――スタッフの数は。

1人だけ給料を支払って雇用している。このほか昨年は2人の農業インターンに手伝ってもらった。今年も2～3人のインターンを呼ぶつもりだ。家族は妻と、18歳（息子）、15歳（娘）、14歳（息子）と3人の子どもがいる（年齢はいずれも取材当時）。長年手伝ってもらい、今や彼らもプロの農家だ。

ヘンリー・ブロックマン氏

――CSAとはどのようなものか。

2カ所のドロップ・オフ・ポイントがある。1カ所はブルーミントンノーマル市内の教会の駐車場に毎週火曜日に140家族分の野菜を届ける。もう1カ所はピオリアから15マイル離れたモートンで、ボランティアが40家族分を届けている。CSAでは5月の最後の火曜日から11月の第3火曜日まで26週分を販売している。

CSAは消費者にとってファーマーズ・マーケットに行くより安くていい購入方法だ。今年の年間の契約購入価格は400ドル。これが26週間分だから、1週間分が15ドルの計算だ。

――ファーマーズ・マーケットはどうか。

エバンストン（シカゴの北近郊の高級住宅街）で毎週土曜日に店を出している。期間は5月の第3土曜日から11月の第1土曜日までだ。

――生産量は増えているか。

有機農業を始めてから3年目に農地は10エーカーになったが、その後は変わっていない。ただ、作付面積は毎年少しずつ増えている。自分自身が農業を習熟してきたこと、そして子どもが大きくなって手伝えるようになったためだ。

――面積を増やすのは難しいか。

労働力の問題がある。もっと雇って私がマネジメントをやるという選択肢もあるが、その計画はない。私より大規模にやっている人もいるが、結局、手取り収入は変わらない。例えば販売担当を雇ったらそれだけ人件費がかかるということ。現状が適切な規模だ。

SARE賞を受賞したとき、10分間だけ話す時間があったが、そのときのテーマは〝Stay Small〟だった。持続可能な農業は大規模すぎると難しい。持続可能な農家をやるならば、小規模であれということだ。

――有機農家の理想的規模は。

私がこの地域では一番大きな有機農家だ。ただ、10エーカーというのは有機農家で最大規模というわけではない。西海岸、東海岸にはもっと大規模な有機農家がある。ただ、彼らも持続可能と呼べるかどうかだ。

私は基本的には「農業とは環境に破壊的（destructive）なもの」というのが持論だ。人間のために特定の作物を育てるために、土壌を耕し、自然環境を破壊する。……悲しいことだがこれが真実だ。

——昨年の穀物価格の高騰をどう思ったか。

いかに速く上昇し、元の水準に下落したかという点が興味深い。農家とは高い価格に常に愚かになってしまう。常にサイクルがある。穀物農家は、価格が急上昇しても最終的に下がるということを学ぼうとしない。常に穀物には余剰があるということだ。

明らかにエタノールも相場を押し上げた。燃料需要全体から比べればエタノールの生産量は少ないにもかかわらずだ。これは、農家の「根拠なき熱狂（irrational exuberance）」だった。最後は博打のようなものだ。仮に、景気のバブルが破裂せず、燃料需要が縮小しなかったとしても、（トウモロコシ）価格は下落しただろう。こうした価格には現実味はなかった。

食料を使って燃料を生産するのはとても浪費が大きい。価格が不合理なまで上昇した原因はエタノールにあるだろう。

——穀物価格の高騰の原因は投機ではないか。

それはそうだ。私の言った「熱狂」とはそういうことだ。経済的な原因というより、感情的なものだった。一方で、食品価格の上昇に関しては分析が難しい。皆が、エタノールを燃料に使うようになったから食品価格が上昇したと批判したが、もっと複雑だ。ただ、仮に食品価格の上昇の原因ではなかったとしても、燃料のために食料を使うことに大義名分はない。燃料のために貴重な土壌を使うべきではない。特に、トウモロコシはエタノールを生産するには最悪のものの一つだ。もっと効率の良い植物がある。トウモロコシは回答策ではない。リストの下位の方に下げるべきだ。

――バイオ燃料自体が良くないと思うか。

スイッチグラスなどのバイオ物質から燃料を作ること自体は興味深いものだ。特に多年草から作れば、土壌の喪失にはつながらない。プレーリーグラスも研究すべきだろう。もともと自生するプレーリーグラスを保全すればエコロジーにも、経済的な利益も得られる。自然の土地の最も有効な利用方法になるだろう。プレーリーグラスを燃やすことはその健康にとっても重要なことだ。燃やさず収穫もできる。その場合も悪影響はなく、むしろいいことだ。

植物から燃料を作ること自体は革新的なことだが、トウモロコシから作ることは悪いアイデアだ。トウモロコシは大量の燃料を消費する。トラクターを運転し、肥料を生産するために天然ガスを使う。トウモロコシを育てるために石油化学品が利用される。

エタノールを生産するために燃料を消費し、ゼロサムゲームだという学者もいる。

トウモロコシだけではなく、一年草はエタノール生産に向かず、多年草の方がいいということ。

スイッチグラスやプレーリーグラスなどの多年草は耕作の必要がなく、作付けの必要もなく、肥料、除草剤、殺虫剤もいらない。石油化学品の投入はほとんどないということだ。さらに、土壌の喪失、栄養素の喪失もない。

――トウモロコシの穂軸を利用してセルロース系(植物繊維)エタノールを作るというアイデアは。

トウモロコシの茎や穂軸などを使うというのは興味深い。ただ伝統的なトウモロコシの栽培システムでは、どんな有機物でも取り除いてしまうことには神経質になっている。穂軸に自然の栄養素が少なかったとしても、依然有機物であることには変わりはない。これらを「トウモロコシの廃棄物」と表現する人もいるが、これらは廃棄物でも、ゴミでもない。土に戻る重要なものだ。

――人類は化石燃料依存から脱却して代替エネルギーに向かわなければならないのでは。

遅かったものの、私も自分の農業を、エネルギー消費の少ないものに転換する取り組みを始めている。化石燃料への依存度を低下させようというものだ。

これまでに実践しているのは、使用済み調理油をトラクターの燃料に利用するというものだ。隣人がこのバイオディーゼル燃料を作って、自分のディーゼルエンジンのトラックなどに利用している。さらに、次の春からは小型トラクターについては電気駆動のものに切り替えるつもりだ。古いガソリンエンジン部分を取り外して電気モーターに取り換える予定だ。

――遺伝子組み換え(GM)作物はどう考えているか。

とても難しい質問だ。基本的には良いアイデアだとは思わない。しかし、なぜかという説明は難しい。人々は他の食品と同じで、GM食品には危険性がないと思っている。これはある意味で正しい。成分は同じであり、身体に影響を与えるものはない。問題はむしろ哲学的なものだ。われわれには知識があるが、私の疑問はそれを利用する叡智（wisdom）があるかということだ。他に大きな間違いを犯してしまわないかということだ。原子力と同じようなものだ。私の考えでは農業に化学品を使うことは完全に間違っている。長期的な影響はどうかということはまだわれわれは誰も知らない。

例えば、50年前に農業に化学品を使うようになった。今、農場近くの小川に行っても、水を飲むことはできない。50年前までは、水は飲めたし、皆、泳いでいた。今は、毒に汚染されている。トウモロコシのイールド（1エーカー当たり収量）を向上させ、除草をするために50年前に化学品を使い始めたときには、皆、良いアイデアだと思った。誰も、化学品が土壌を通り、川に浸み出し、水が飲めなくなるとは思わなかった。

GM作物は、今は素晴らしい、良いアイデアだと言っていても、50年後はどうなるかわからない。また、現実問題として、GM作物は必要ない。害虫を管理するには、長期的に環境に影響が少ない方法は他にもある。

――モンサントは干ばつ耐性のあるGM種子の販売も始め、途上国に役立つと言っているが。

響きはいいが、本当に必要としている国に贈与をするわけではない。現実には、GM種子を販売して利益を追求することが目的だ。また、アフリカや中米で必要な食用作物はトウモロコシや大豆ではないだろう。

――米国のファクトリーモデル(工業型)の農業についてはどう考えているか。

人類が犯した間違いとは何か。産業革命で、自動車をファクトリーシステムで製造することができるようになって成功し、それを農業にも導入した。これが悪いアイデアだった。自動車やいすを作るのと同様のシステム、ファクトリーモデルは「自然のシステム」「生物(living thing)」では機能しない。大量に製品を生産するのではなく、良い製品を生産すべきだ。品質や環境を犠牲してはいけない。ここに基本的な間違いがある。今や多くの人が同じ結論に達しつつある。

「食品の品質」というものをもっと認識すべきだろう。食品の品質とは「味」に行き着く。味が悪いというのは、われわれが必要としている栄養素や良い成分が含まれていないということだ。われわれのトマトはとても良い味だが、スーパーのトマトにはフレーバーがない。味が良いということは、ビタミンCやA、抗がん成分など、われわれにとって良い価値があるということだ。ファクトリーモデルのトマトは、こうした自然のシステムの中で作り出された「味」を持っていない。トマトだけでなく、トウモロコシや大豆も含めすべてそうだ。多くの研究で、トウモロコシや大豆も含め、栄養価、たんぱく質、ミネラルなどが近年大幅に減少していることが示されている。

もう一つの要素は、ファクトリーシステムは同一のものを大量に生産することには優れているが、結果として、バラエティーが極めて少なくなるということだ。米国のスーパーに行っても60種もの品種はないだろう。大規模農家が少数品種を供給している。これは、生物多様性が必要な環境に良くないことだ。ファクトリーモデルは容易に極めて大量のトウモロコシを生産できる。これが結果的に燃料にもいくことになった。

——しかし、農業がファクトリーモデルから持続可能な有機農業に徐々にシフトした場合には、生産量は減少するだろう。世界の農家は人々に十分な食料を供給できるのか。

何か変化が起こるときは何らかの問題は起こるだろう。しかし、米国の農業システムは大量の余剰農産物を作り、輸出するようになった。これが第三世界の農家に打撃を与えた。彼らは地元住民のためにトウモロコシを作ることができなくなった。いくら労働コストが安くても、（米国産よりも）安く作れないからだ。大規模生産の米国農家とは競合できないということだ。第三世界の農業は打撃を受け、自分たちの主食は米国に頼り、彼らはその代わりに、サトウキビ、ココアなどの主食用ではない作物を生産するようになった。自国民に食料を供給できなくなった。

もし米国の農業がより持続可能なものに切り替わっていくとすれば、世界中で大きな影響があるだろうが、同様に恩恵ももたらされるだろう。私はある種の貿易には反対ではないが、しかし、すべての国は原則、自国民の食料についてある程度すべてを自給すべきだと思う。

ファクトリーシステムでは、この国は食料を供給する、別の国は自動車を供給するということになるのだろう。しかし、農業はファクトリーシステムではなく、自然のシステムに基づくべきだと改めて強調したい。自給するということは、自分の環境を守るということでもある。食料を生産するということは作物を生産するためのクリーンで、健康な環境を持たなければならない。日本も自給率を上げるとすれば、環境を守らなければならない。日本も小規模農家が多いが、自給率を引き上げていく努力をすべきだ。

──日本の自給率低下では食生活の変化が大きく、小麦や飼料穀物は日本の農地に適さないとの指摘もあるが。

コメは日本の環境にとって重要だ。パンを食うなとは言いたくないが。日本の食生活の変化は日本人の健康にも悪影響を与えているのでは。コメ、野菜、シーフードベースの食生活に戻るのはいいことだろう。結局、持続可能という概念は環境に制約されるということでもある。

──米国の有機農業の将来は。

今年は私にとって興味深い年だった。人々の所得が減少したら、私のような農業にどのような影響があるかに注目した。結果としては、ホール・フーズとはずいぶん違い、小規模農家にとってはよかった。というのも、ホール・フーズは有機農産物にプレミアムを乗せることで収益拡大を図ってきた。しかし、われわれ有機農家の一部は、ホール・フーズや大規模有機農家のように有機であることにプレミアムを乗せてこなかった。単に、生産コストがどうなるかで価格を決めているだけだ。だからわれわれは卸売り段階でも競争力がある。例えば、カリフォルニア州の数千エーカーもある有機ブロッコリー農家など、大規模な有機農家は今年、極めて打撃は大きかっただろう。

――米国の農業も昔のように小規模農家が地域に食料を供給していくという姿に戻る可能性はあるのか。

最終的にはそうなるだろう。私が農業を始めたときに、ブルーミントンノーマルにはファーマーズ・マーケットは一つもなかったが、今はある。17年前には誰もＣＳＡのことを知らなかった。今は、ブルーミントンノーマルだけでなく、小さな町であるユーレカにもＣＳＡがあり、15人のメンバーがいる。決定的に変わりつつある。食料供給合計に占める比率はまだ極めて小さいが、過去10年間で急増してきた。今後も増え続けると期待している。

私の10エーカーの農場では約２５００人の半年分（春から秋にかけて）の野菜を供給できる。つまり、１エーカー当たりでは２５０人の半年分ということ。近くの約５０００人の町であるユーレカでは、私と同じ規模の農家が2軒あれば半年分の野菜需要を満たせる。さらに人口約12万５０００人のブルーミントンノーマルなら約50軒の農家があればいいという計算だ。こうした姿が私の夢だ。

もし、このようになれば、現在はトウモロコシや大豆畑に囲まれているブルーミントンノーマルも、野菜畑や森林や牧草地に囲まれる多様性のある健康な環境に戻るだろう。それぞれのコミュニティーが自分たちに農産物を供給してくれる農家、農地に囲まれるようになれば、農家から顧客である消費者に農産物を運ぶのも燃料消費は少なくて済む。今は、こうした考えは過激なアイデアだが、わずか１００年弱前にはこうしたシステムが機能していたのだ。そんな遠い前の話ではない。日本でもトラックや列車のなかった江戸時代には、江戸の大量の人口を周辺地域の農家が支えていたはずだ。

――オバマ政権と米国の価値観の将来について。

オバマ政権の最初のアプローチについては若干失望している。特に景気刺激策についてだ。持続可能性という点でいえば、地球環境は閉ざされたシステムであり、その中で資源を使わなければならない。危機に際して財政支出を増やすということは良いアイデアのように思えるかもしれない。しかし、物をさらに買えということであり、これはわれわれがしなければならないことと正反対の方向だ。

オバマ政権の基本姿勢は、物を買い続けるために、借金をし続けていこうというものだ。米国は財力を上回る生活をし続けようとしている。われわれは身を縮めるべきだろう。われわれは本当に必要な水準まで消費量を減らすことを考えなければならない。こうした時期に縮小するのは難しいかもしれないが、景気刺激策は明らかに短期的な視野の対策だ。まあ、政治家には他に選択肢はないということだろうが。

第6章

日本が学ぶべきものとは
——市場原理主義を超えて

第6章では、今回の食料危機議論が、日本を含めた世界の農業政策にどのような教訓をもたらしたのかなどを考察する。そこでは、貧困国の飢餓対策、各国の食料安全保障議論、農産物貿易の将来像などさまざまな視点がある。しかし、論じられることが少ないのは、過度の市場原理主義、膨張するマネーがいかに農業や食料供給にも混乱をもたらすかだ。現代の社会経済システムでは市場原理が基本とはなっても、行き過ぎを自制する強い意志とルールが必要だということを今回の米国発金融危機、食料価格高騰は物語っている。

2009年4月上旬に4年余りのシカゴ勤務を終えて日本に帰国した筆者は、久しぶりに近所の大手書店に寄った際、ちょっとした驚きを覚えた。農業関係の本の特設コーナーができ、就農ノウハウ本も含め農業関係の本が多く並んでいた。シカゴにいたときも、日本の新聞やインターネットを見て、どうやら日本ではここ数年、農業がブームらしいとは感じていたが、これほどまでとはという印象だった。

1993年の戦後最悪のコメ大凶作のほとぼり冷めやらぬ95年の4月から2年ほど、筆者は農林水産省の中にある「農政クラブ」と呼ばれるいわゆる〝記者クラブ〟に所属していた。今では記者クラブ制度こそ、日本のメディアの堕落を象徴し、日本社会をだめにした諸悪の根源だとまで一部で批判されているが、大凶作、食糧管理法の廃止と新食糧法の導入、世界貿易機関（WTO）のウルグアイ・ラウンド農業合意に伴う作業など日本の農政の激動期を、緊張感を持って間近でウォッチできたことは、少なくとも記者としての個人的財産にはなった。

もっとも、この記者クラブでの筆者が主に担当していたのは、かつて「ヤミ米」市場とも呼ばれていた、旧食管法時代から非合法に存在していた自由流通米の市場や商品先物市場の監督部署という極めてマイナーな分野だった。これらは大手メディアの記者は普段はほとんどカバーしない分野だったが、多少、へそ曲がりの筆者にとっては実に面白かった。それは、日本の社会主義的な経済を象徴するコメの分野でも、ひそかに市場経済が胎動していたためだ。

それ以前に、英国ロンドンのユーロ債市場など最も市場原理が透徹していると思われる国際金融の最先端の世界でも、若干の取材経験があった記者としては、日本の農業という全く対極にある産業を担当するにつれ、その保守性、頑迷さなどに改めて驚く半面、農業そのものの奥深さを再認識させられた。金融の世界は、一部業界人も自嘲的に語るように、限りなく〃虚業〃に近い。ペーパー上のスプレッドを取るだけで大儲けできるこの産業は本当に人類や社会のためにいったいどんな価値を生み出しているのかと疑問を持たざるを得ないこともしばしばあった。

そういえば昔、ある邦銀の若手為替ディーラーは、「会社のカネで博打ができる。こんな楽しい仕事があるか」と言っていたのを思い出す。もっとも当人は数年ぶりに会ったら、あっという間に白髪になるほどの巨額資金での博打の怖さも経験したわけだが。相場とは「欲望と恐怖」の産物でしかないと言っていたのはお世話になった大先輩ジャーナリストだった。

過去数十年、米国、または英国が世界に押しつけてきた市場原理至上主義には限界や欺瞞があったことが今回の金融危機であからさまになった。それでは、社会主義に移行するかといえば、それもない。あえていえば、米国のように、共和党的な市場原理主義と民主党的な政府の役割をより重視した市場経済の間を振り子のように繰り返し振れ続けるだけなのだろう。

その中で各国の農業、農産物貿易はどうあるべきか。そして今や切り離せなくなったエネルギー政策と農業政策をどのように両立させていくのか。バイオ燃料をめぐる論争もさまざまな示唆を与えてくれる。そして、米国ウォール街の強欲さから繰り返し発生する金融危機、彼らを救済するための金融緩和がもたらす過剰流動性、住宅、株式、そして石油など商品市場のバブルは、農業や世界の食料問題にどのような影響を与えているか。改めて検証する必要がありそうだ。

食料とエネルギー

◆バイオ燃料の今後

結局、米国のエタノールブームとは何だったのか。単なる時代のあだ花として終わってしまうのか。少なくとも次世代の代替エネルギーへのつなぎ的役割は果たせるのか。

現在、エタノール業界は、業界の発展を阻害しているという「ブレンドの壁」問題で、ガソリンへのエタノール混合比率の上限を現行の10％から15％に引き上げてほしいと訴え続けている。管轄の米環境保護局（ＥＰＡ）は前向きの姿勢を示しつつ、最終判断を２０１０年半ばに先送りした。

米国のエタノール業界は過去4～5年ブームに沸き、異例のペースでの工場の建設ラッシュが続いた。そこには急激な成長によりバブル的な要素もあり、今なお時おり、エタノール会社の破たんが伝えられる。業界団体が、さまざまな支援策を政府に要望する姿は、まぎれもなく、同業界がいまだ保護産業であることを物語っている。

バイオ燃料の「一石四鳥」ともされた魅力自体も徐々にはげ落ちつつある。特に環境面でのメリットがそうだ。トウモロコシ原料のエタノールは二酸化炭素（CO_2）など温室効果ガス削減に役立つ環境にやさしいエネルギーであるかどうかは疑問符がついたままだ。バイオディーゼルの原料になるとして急増した東南アジアのパーム油に対しては、熱帯雨林の伐採につながるとの批判が一段と高まっている。

また、米自動車大手支援策としても、自動車業界の関心がハイブリッド車、そして電気自動車へと急速にシフトする中で、その注目度は低下しつつある。世界的にも一つのブームが過ぎつつあるバイオ燃料は、その存在意義の問い直しを含め、今後試練の時期が続きそうだ。

しかし、それではバイオ燃料に意味がないかといえばそうではない。米国のエタノール、欧州のバイオディーゼルにしても、もともとの始まりは農家支援策であり、今なおその政策的価値は大きい。2008年後半の穀物価格暴落にみられるように、穀物は常に需給ひっ迫が続くわけではなく、毎年の豊凶により価格が大きく変動する。豊作になったときには、当然価格は低下、ガソリンとの比較優位性が高まり、ガソリン混合需要は拡大する。農家にとっては魅力的な売り先であり、豊作時のバッファー（緩衝）機能も果たせる。

東京大学大学院（農学生命科学研究科）の川島博之准教授は、「米国産トウモロコシには競争力がないため、ブームが終わった後は昔のように、過剰生産されたトウモロコシの在庫処分という性格に戻っていく」と語っている。第2章で見たように、米国のエタノールが昔、「ガソホール」と呼ばれ、細々として生産が続いてきたときのイメージか。ただ、米国のエタノール業界が昔の「ニッチ（すき間）」産業に近い存在に戻ってしまうかは、次世代バイオ燃料の実用化の動向次第だろう。

◆食料は人間のエネルギー

「人間以外を動かすのが通常のエネルギーだとすれば、人間を動かすエネルギーが食料だ。農業も総合的なエネルギー産業の一つとしてとらえるべきだ」

筆者にとってバイオ燃料はシカゴに赴任して初めて出会った取材対象ではない。実は２００１年ごろに知人の紹介で、あるベンチャー企業を取材したのが最初だ。それは京都を拠点に、廃食用油を回収してバイオディーゼル燃料を製造していたロンフォードという会社だった。

その社長だった早藤茂人氏は１９９７年に京都で行われた第３回気候変動枠組み条約締約国会議（地球温暖化防止京都会議、ＣＯＰ３）に触発される形で、創業した。その早藤氏が語ってくれたのが冒頭のコメントだ。

農林水産省の記者クラブで、農業やコメの取材をした後、短かったが化学業界も担当した筆者にとっては、化学業界が手がけていたバイオプラスチック（当時は生分解性プラスチックと呼んでいた）とともに、バイオ燃料は非常に興味をそそられるテーマとなった。農産物がプラスチックになり、燃料にもなるという話だ。

そして、米国ではトウモロコシを原料とするエタノールが、そして欧州では菜種などを原料とするバイオディーゼルが次第に注目を集め始めていたことを知った。そして、アジアではパーム油がバイオディーゼル原料として有望であること、日本では、コメもエタノール原料になり得ることもわかり、知的好奇心をくすぐられた。
当時、時事通信社のニューズレター「時事解説」（2001年12月18日号）に執筆した記事の一部を引用しておこう。

地球環境問題が世界的テーマとなる中で、毎年生産でき、化石燃料に比べて二酸化炭素（CO_2）排出では問題が少ないとされる植物由来のバイオ燃料は、夢の燃料というより、燃料電池などより即効策となる、現実的な代替燃料になりつつある。ただ現時点ではバイオ燃料はガソリンやディーゼル燃料と比較してコスト高であり、何らかの政策誘導が必要な段階だ。また、植物を生産する際に多大なエネルギーを消費するとの批判もある。（――略――）
世界全体の食料事情を見た場合、確かに現時点でも飢餓地域がある一方で、米国などの主要食料輸出国はこのところ、常に生産過剰となっている。これは富の偏在という現在のグローバル資本主義の限界を反映したものだ。こうした食料の偏在を現時点では解決できない以上、常に豊作と不作のリスクと背中合わせの穀物生産にとって、燃料需要は今後、一時的な需給ギャップを埋めるバッファー的役割を果たす可能性があるかもしれない。

世界的なバイオ燃料勃発の数年前に執筆した記事を改めて振り返っても、バイオ燃料の位置付けに関する認識は現在とそう大きくは変わっていないようだ。

もともと、工業生産的に、飼料穀物や食用油原料を生産する米国の大規模農家にはバイオ燃料向けの穀物生産には違和感は少ない。しかし、農業が人間の食を支えるということにより大きな価値観を求める農業関係者はバイオ燃料の価値に懐疑的だ。米国型の工業的な農業に異議を唱える有機農家のブロックマン氏、後で紹介する民土党議員の篠原孝氏がそうだ。

農薬・肥料の大量投与、大型農業機械、土壌流出、水資源の浪費など現代農業が環境に与える負荷の大きさは否定できない。どの植物が最も環境負荷の小さい、バイオ燃料原料となるのか。今後、セルロース（植物繊維）系エタノールを含め次世代バイオ燃料原料の十分な研究が必要だろう。そして、食料を作らなくてもよい土地でのバイオ燃料作物の生産と、地域での燃料供給という「地産地消」型のエネルギー供給は経済的には限定的ながら一つの理想像になる可能性はある。

ちなみに、筆者がバイオ燃料に興味を持つきっかけとなったベンチャー企業、ロンフォードは今はもう存在しないようだ。当時、急に注目を集めたことで、資金調達で無理をしていたのではなどとのうわさを聞いた。早藤社長が将来の夢として語っていた、東南アジアでのパーム油などを原料とする「アジア・バイオ油田構想」はその後、環境破壊の批判を伴いながらも、事実上実現した。時代に早すぎた面もあったのかもしれない。

食料危機とは何だったのか

◆盛り上がりに欠いた世界食料サミット

２００９年11月16日から３日間、イタリア・ローマで国連食糧農業機関（ＦＡＯ）主催の世界食料サミットが開催されたが、日本のメディア上での食料サミットの扱いは極めて小さかった。事前にも、主要８カ国（Ｇ８）の首脳で参加するのは開催国のイタリアのベルルスコーニ首相だけで、飢餓撲滅対策の抽象的な目標の提示はあっても、具体的な貧困国への財政支援は決まらず、成果に乏しいものになるだろうと各国メディアは冷ややかだった。

08年６月に開催された食料サミットでは、ちょうど、穀物価格の高騰時だっただけに、バイオ燃料や食料の輸出規制などをめぐる激しい議論があった。これと比較すると、09年11月の食料サミットは、穀物価格の下落により、早くも食料危機問題への世界の関心が薄れたか、とも受け止められかねないものだった。

共同宣言は、飢餓と貧困に苦しむ人間は世界人口の６分の１に相当する10億人を超えたと警告した上で、人口が90億人を超える50年までに食料生産を７割増やす必要があると訴えた。また、世界の食料危機解決のための緊急対策として食料安全保障問題を取り扱う世界食料安保委員会（ＣＦＳ）を中心にして国際協力体制を強化するとした。

しかし、貧困国を救済し、食料安全保障を達成するために毎年４４０億ドルを拠出するというＦＡＯの従来からの提案を盛り込むことはできず、サミットとしての成果に乏しいとの評価につながった。ただ、共同宣言では、ＦＡＯが08年の穀物価格高騰をどう認識しているかがうかがえて興味深い点もいくつかあった。例えば23項には、「食品価格の過剰なボラティリティー、不利な天候異変の影響を管理する対策の構築を促す」と提言し、透明性が高く、競争のある良好に機能する市場を促進するような政策を働きかけていくとした。食料政策でもマーケットの重要性を改めて強調した形だ。

さらに24項では、適切な国際機関に対し、「投機と農産物価格のボラティリティーの連動性」を分析し、「在庫保有システムが緊急の人道支援策や、価格のボラティリティーの変動対策に効果があるかどうか」を検討するよう要請するとした。穀物市場での投機について、共同宣言の中で言及した分量は極めて少ないものの、少なくとも問題視をし始めたことがわかる。

共同宣言は、バイオ燃料についても言及している。「世界の食料安全保障、エネルギー需要、持続可能な発展」という三つの観点で、バイオ燃料の課題と可能性に対処していくと強調。特に、バイオ燃料の生産と利用が他のテーマと調和して持続可能であるかを確認し、世界の食料安全保障を達成し、維持していくために必要な研究を継続していくとした。

さらに、ＦＡＯは同サミットの「バックグラウンド・ペーパー」でもバイオ燃料についてより詳細に分析している。それは、バイオエネルギーは適切な成長ができれば、「農村部のインフラと市場へのアクセスの改善にもつながる」などのメリットを指摘する一方で、バイオ燃料向けの農産物需要の拡大は、一部のバイオ燃料は温室効果ガス排出の大幅削減にはつながらない可能性があるとの懸念もある中で、食料価格の押し上げ要因になりつつあると弊害も訴えるバランスを取ったものだった。

◆英エコノミスト誌の視点

２００９年11月中旬に行われた世界食料サミットに合わせて英経済誌エコノミストは11月21日号で食料問題の特集を組んだ。

巻頭の論説記事「いかに世界を養うか」では、１９７４年に開催された初の食料に関する国際会議で当時のキッシンジャー米国務長官が、10年以内に空腹に悩む子どもはいなくなると宣言したにもかかわらず、約35年後の食料サミットでは、10億人は飢餓に苦しんでいるとの報告があったという話から説き起こす。

そして、「２００７〜08年の食料価格の高騰をもたらし、飢餓人口を増やした根底にある農業の問題は何一つ解決していない」と断定。再度の食料価格の高騰は不可避であり、世界的なリセッション（景気後退）と08年の穀物生産高が過去最高だったにもかかわらず、実際に食料価格の上昇は始まっていると警鐘を鳴らしている。

同誌が、農業政策の最大の失敗として挙げるのが、「過去25年間、農業投資が大幅に減少」していた点だ。05年時点で、大半の途上国では農業予算は全体のたった約5％にすぎなくなっており、一方、先進国の途上国援助における農業部門のシェアは、１９８０年から２００６年の間に約4分の3も減少したという。こうした中で、主要穀物のイールド（単位当たり収量）の伸び率は、１９６０年代の「緑の革命」時代には年率3～6％あったが、現在は同1～2％にとどまり、貧困国では横ばいになってしまったと指摘。２００８年の食料価格の高騰は、農業を軽視し続けた各国政府の目を覚まさせることになったという。

そして、市場経済を信奉するエコノミスト誌らしく、食料危機の解決には、農村地域で信頼できるマーケットを整備することや、「土地と水を浪費することなく、食料増産する」ために、灌漑や不耕起栽培などの技術革新、特に、遺伝子組み換え（ＧＭ）技術によるイールド向上が最も重要だと強調している。

さらに同誌が強調しているもう一つの大きな懸念は、農産物の貿易自由化が後退しかねない点だ。07～08年の食料危機時にはインドやベトナムなど多くの国が相次いで国内供給を優先するために、コメなどの農産物の輸出禁止・制限措置を取った。

同誌は、「07～08年の食料価格高騰で、すべての国が食料安全保障を心配した。これは極めて正しい。しかし、〝食料安全保障〟が次第に〝食料自給〟に変化し、食料自給が多くの国で共通政策となった」と分析。そして、この食料自給という考え自体は悪いものではないが、問題は「自給という新たな論法は市場や貿易への不信感の高まりと裏腹なものだということだ」と嘆いている。結果として、穀物輸入業者は、国際市場を信用しなくなり、「ランド・グラバー（土地収奪者）が現在、食料生産のために海外で土地の取得を続けている」という現象に警戒感を示している。

さらに、各国政府は農業により多くの補助金を投入するようになり、自給率の向上策が保護主義を助長していると批判。最終的には、「農業はできる限り効率的である必要があり、そこでは市場と貿易が必要だ。（現在活発化している）農業投資は貴重なものだが、農産物市場の拒否は最悪の事態をもたらすだろう」と警告している。

エコノミスト誌は世界の最高級誌だ。市場経済に立脚し、その軸はほとんどぶれない。世界の隅々の政治・経済を定点、定時観測をし、歴史的視野と深い洞察力で論評する。この食料問題についても、いずれはこうしたエコノミスト誌の視点も正しかったと評価され直すこともあるだろう。ただ、過去十数年、米ニューヨークのウォール街、英ロンドンのシティーという2大金融センターがどっぷりつかった拝金主義が未曾有の金融危機をもたらし、それが食料価格高騰の一因になったことへの言及は少なくともこの記事の中にはない。行き過ぎた市場原理主義の弊害が顕在化する中で、相変わらず市場原理を絶対視するかのような見解は以前のような説得力を失いつつあるようにも思える。

◆飢餓と飽食、そして金融バブル

「中国など新興国の経済成長により、食料需要は今後も爆発的に急増していく」「人口爆発で食料不足になる」「食料生産は既に限界に達している」などの世間の一般的認識に異論を唱えるのは、東京大学大学院の川島博之准教授だ。

1972年に出版されたローマクラブによる『成長の限界』、そして、95年のレスター・ブラウン氏による『だれが中国を養うのか?』など、これまでにも何度も食料危機説が叫ばれてきたが、結局、世界中が飢餓に陥ることはなかった、と語る川島准教授は、世界中で食料増産の余地はいくらでもあると訴える。

例えば、「アフリカの飢餓もごく一部の地域であり、大半の地域は必要なだけの食料を生産が出来ている」とし、市場メカニズムは働いており、供給力は十分にあるとする。詳細については、『「食糧危機」をあおってはいけない』（文藝春秋、2009年）などの著書を参照してほしい。

世界的な人口急増、中国など新興国の高度成長、農業生産性向上の鈍化などによる将来的な食料ひっ迫の危機の可能性は今後も残るだろう。しかし、08年をピークにした、原油、穀物価格の高騰は超金融緩和により行き場を失った資金が小さな商品市場に流入したことも大きかった。第4章でも見たように、08年の商品相場の最後の急騰場面と直後の暴落が何よりも多くを物語っている。

「静かな津波が、すべての大陸の1億人以上を貧困（の危機）にさらしている」――国連専門機関の世界食糧計画（WFP）のシーラン事務局長は08年4月22日、インドネシア・スマトラ島沖で04年に起きた津波を例えにして、食料価格の高騰に伴う悪影響をこう表現し、世界各国に迅速な対応を促した。同事務局長はその後、既存の食料援助事業の遂行に当たり7億5500万ドル（約787億円）の追加資金が必要だとして、各国に拠出を呼びかけた。

投機資金の流入などに伴う突然の価格高騰が途上国への食料援助に打撃を与える可能性は今後も十分予想され、価格高騰時でも安値で食料を供給できる国際備蓄制度などの検討の必要もあるだろう。

食料危機に伴う暴動などが頻発していたこのころ、米国でも一部の食品価格は上昇し、手に入らなくなる食材も出て、貧困層の生活は困窮度を増していたかもしれない。しかし、「肥満大国」米国の国民の大半は相変わらず飽食し、大量の食べ残しをし、食品廃棄物を出し続けていた。日本や他の先進国も似た状況だっただろう。

また、ウォール街の金融マンは、ニューヨークで、築地から空輸した最高級の刺し身やすしに舌つづみを打っていた。さらに、投資銀行のアナリストは、原油や穀物価格の高騰を当てて、巨額のボーナスをもらい、同じ銀行の投資部門やファンド事業部門は商品相場に資金をつぎ込んでいたかもしれない。

結局、08年の途上国の食料危機は、世界中で突然、穀物がなくなったからではなく、投機資金の流入などによる価格高騰で途上国が国際市場で買えなくなったこと、そして、国連などの食料援助機関も決められた予算の中で買える量が減少したことが主因だ。つまり、価格の高騰が貧困国問題を深刻化させていたということだ。もちろん、長期的な食料需給のひっ迫懸念は常にあり、特に途上国が直面する農業の長期的な課題に対処すべきだという警鐘を鳴らしたという市場の効果は評価すべきかもしれない。

また、09年にかけての商品相場の反転は、下げ過ぎの反動とともに、超金融緩和と公的資金で救済された大手金融機関や機関投資家が、再び資金の運用先難から商品市場への投資意欲を高めてきたためだ。既に見たように、一部の大手投資銀行は、原油の現物買い占めまで行っていると伝えられている。これは、将来のひっ迫に備えて、一般社会に役立てるためではもちろんなく、自分たちが高給を稼ぐためにすぎない。

おおむね反発局面にある穀物相場は、まだ原油など他の商品相場のバブル再燃の兆しに追随している要素もある。ただ、08年に比べれば個別のファンダメンタルズに回帰しつつあり、例えば小麦相場は、豊作続きによる過剰基調から価格は低落している。

農業の真の復権はあるか

◆WTOと農産物貿易のあり方

２００９年11月末から12月初めにスイスのジュネーブで開催された世界貿易機関（ＷＴＯ）閣僚会議は、新多角的貿易交渉（ドーハ・ラウンド）を10年中に妥結させるため、10年3月末までに交渉の課題などを点検する会合を開くことで一致した。しかし、点検会合を閣僚レベルとするかでは方針がまとまらないなど、ほとんど成果らしいものはなかった。中国、インド、ブラジルなど新興国と米国との対立の溝が埋まらなかったためとされている。

ウルグアイ・ラウンド（1986～94年）に続くWTOの新多角的貿易交渉は99年秋のシアトル閣僚会議で立ち上げに失敗した後、2001年11月にカタールの首都ドーハでようやく始まった。しかし、その後はメキシコ・カンクン、香港での閣僚会議などが行われたものの、大きな進展はなく、合意期限も延期され、求心力を失ったまま現在にいたっている。

ウルグアイ・ラウンドでは、日本のコメの輸入自由化、関税化議論も一つの争点となり、大きなニュースとなった。その後、新ラウンドへの関心が薄れ、ほとんど前進しない背景には新興国の国際的発言力が急速に高まり、利害関係が一段と錯綜してきたことや、自由貿易協定（FTA）などの個別交渉が優先されるようになったこともあるだろう。

ただ、特に08年の米国発の世界金融危機で、「市場原理」「自由貿易」といった、ここ20年ほどの世界経済のグローバル化の標語となってきたアングロサクソン的価値観が信頼を失ったことも大きいのではないか。農産物まで含め、世界に市場原理を押しつけてきた米国が、自国の大手金融機関が破たんに追い込まれそうになると、「空売りの禁止」「会計基準の見直し」そして、恣意的な「個別金融機関の救済」など、以前は自分たちが市場原理から逸脱するとしてやり玉に挙げてきた緊急避難策を実行。結局、市場原理主義には嘘も多く、限界があることをさらけ出した。

そして、米国がかつては他国に市場開放を迫る口実としてきた貿易自由化に関しても、現在、米国自身を含め多くの国で正反対の保護主義的な方向に向かいつつある。自由貿易の促進を目指すWTO

の交渉が進むはずもない。

特に、天候や土地など国土条件の違いが大きい農業、農産物貿易が最も自由化の難しい分野であることは、どの国の政治家、当局者も十分認識しているはずだ。ましてや08年のような食料危機ムード、穀物価格の歴史的高騰が問題を一層、複雑化させている。

英国のエコノミスト誌がいくら「農業はできる限り効率的である必要があり、そこでは市場と貿易が必要だ」などと、自給策ではなく貿易自由化を訴えたところで、それではなぜ、英国が、1960年代に40%台に落ち込んでいた食料自給率を、70%を超える水準まで引き上げる努力をしたのかとの反論が出てくる。市場原理や自由貿易を信頼してほしいと呼びかけても、今回の金融危機でルールを反故にした米国や英国の言うことを聞く人は少なくなっている。

いずれまた、市場原理と自由貿易という近代社会の発展を導いた価値観が輝きを取り戻すことがあっても、当面は反対方向に振り子が振れつつある。自分の都合が悪くなると簡単に前言を翻す国があることをみれば、特に、人間の存続にかかわる最も基礎的産品である食料はできるだけ自給したいと思うのが自然な感情だろう。

◆食料自給論に意味はあるか

2008年までの穀物価格の高騰と、世界的な食料危機ムードの中で、日本でも食料自給率が大いに議論になった。農林水産省が発表している日本のカロリー（供給熱量）ベースの食料自給率は、06

年度に39％と13年ぶりに40％を割り込んだ後、07年度が40％、08年度は41％とようやくわずかながら回復傾向となっている。自給率については自民党が50％（10年後）、民主党が60％（20年後）を政策目標として掲げている。

数年前までは、食料自給率が先進国の中で極めて低いことに大半の国民や経済界が大きな問題意識を持たなかったことを考えれば、今回の世界の食料危機ムードは結果的に大きな貢献をしているともいえる。

かつて、日本は「コメ心中物語」と呼ばれ、コメの100％自給を守ることばかりを重視した結果、自給率は低下の一途をたどった。これは日本人の食生活が、コメ中心から、パンやパスタ類、肉など急速に多様化、変容していったことも大きかった。そして、コメ偏重の結果、見捨てられた小麦や飼料穀物の栽培には日本の自然環境と国土条件は適さず、やむを得なかったとの説明もされた。

また、現在農水省が公表している食料自給率の数字に対し、「他の先進国ではカロリーベースではない」「比較の基準となる1人1日当たり供給熱量である2473キロカロリーは廃棄されたりした食料も含むもので実際の摂取量ではない」「食料輸出国でも輸入している産品は多い」などと、他の国と単純比較することは間違いだとの指摘もある。

さらに「農水省は、予算獲得のため、自給率ではあえて低い数字を出して、危機感をあおっている」などの批判もある。経済界では「グローバル化した世界経済の中では、100％自給を目指すのではなく、海外の食料調達先を分散化させ、貿易による安定供給維持を目指す方がより効率的であり、現実的」という英エコノミスト誌的な意見が一般的だ。

ただそうだとしても、日本が輸入トウモロコシの9割、輸入大豆の8割を米国に頼っているという現状は、もう少し何とかならないものかとも思う。こうした現状では、日本人がいくら遺伝子組み換え（GM）作物が嫌だと言っても、他に調達ルートはほとんどない。こうして、日本の農業政策もコメ心中物語からようやく、小麦や大豆への支援、飼料用米の普及に向け舵を切り始めたのだろう。

◆コメ心中物語からの脱却

「日本では、昔、〝畔豆《あぜ》〟といって、田んぼの畔のところにも大豆を植えてやっていた。麦と大豆の二毛作、麦とコメの二毛作もやっていた」と語るのは、長野県1区選出の民主党衆議院議員、篠原孝氏だ。

篠原氏は長野県の農家出身で、農水省の元キャリア官僚。同省では、政策の企画立案部門、米国留学と経済協力開発機構（OECD）出向を含めた国際関係、水産関係を中心に経歴を重ねた。

篠原氏を有名にしたのは、「環境保全型農業」「フードマイレージ」など、数々の新語を生み出し、日本の農業政策が米国の大規模農業を模範とすることに早い時期から異議を唱えたことだ。それは、1976年から2年間の米国留学中に見た米国の環境破壊的な農業への懐疑が原点だった。

篠原氏は「日本だって、かつては麦類を400万トン近く生産していた。結局、政策で変えられる」と語気を強める。

今の日本の農業に対する先入観は払しょくすべきと訴える篠原氏は、特に日本と欧州の農業とその政策の類似性を比較して、欧州の政策を学ぶべきだと主張し続けてきた。例えば主食である欧州連合（EU）の小麦と日本のコメ、そして、EUの油糧種子と日本の小麦・大豆・菜種がそれぞれ、途中までは似たような変遷を経てきていると指摘する。

EUは60～70年代には小麦を輸入していたが、80年代になると、イールド（1エーカー当たり収量）が倍増したことで、恒常的な過剰生産が続き、生産調整（減反）をせずに輸出補助金付きの輸出をするようになった。一方で、油糧種子の大豆、菜種、ひまわりは米国に頼ることにし、生産量は急減した。

「補助金付きの小麦輸出に怒ったアルゼンチンやカナダ、オーストラリアなどが、ウルグアイ・ラウンド交渉で農業をターゲットにした。ではと言って、EUは60～70年ごろにはゼロ近くまで落ち込んでいた大豆、ひまわり、菜種の増産を始めた」

EUは主食の小麦で安定生産を達成し、油糧種子の復活生産にも成功したと篠原氏は評価する。

一方、ピークの61年には178万トンあった日本の小麦生産量はその後、食糧管理制度の下で輸入を促進したことで、73年には20万トンまで落ち込んだ。80年代以後は徐々に回復傾向となっているが、それでも2009年産で67万トンの見込みだ。

「日本は小麦や大豆など（コメ以外は）全部捨てた。こんなに見事に捨てた国はない。日本も昔は麦と大豆の二毛作、麦とコメの二毛作もやっていた。私が言っているのは、EUと同じ仕組みで小麦や油糧種子なども復活しましょうということ。自給率40％なんていう国はない。できないと決めてかかっているが、できなくはない」

結局、日本にはコメ作りしか適さず、大豆など油糧作物、小麦、飼料作物は向かないというのは、過去を知らない思い込みでしかないということだ。

さらに、食料自給論では、主に経済界などから、「現代農業で多用する石油が自給できないのに、食料自給議論に意味はないだろう」との冷ややかな見方も根強い。こうした考えに対し篠原氏は、「それは、安全保障は何もしなくていいという議論と同じだ。（旧日本社会党などが主張した）非武装中立論と一緒であり、情緒的な意見だ。これを皆が支持するのだったら、それでもいいかもしれないが、非武装中立論は国家として成り立たない。核兵器を持つべしというのは完全自給論だが、要は程度の問題だ。そもそも、石油をジャブジャブ使っている農業がおかしい」と激しく反論する。

篠原氏の言うように、EUで油糧種子が復活したように、日本の小麦や油糧種子も今後復活できるのかどうかは、やはり「コメ心中物語」からの脱却など、農業政策の抜本的転換ができるかどうかにかかっている。そして、日本の農業政策のより大きな転換点となる可能性を秘めているのが、現在、与党民主党が進めようとしている戸別所得補償政策だ。

◆農家への所得補償と先物市場

かつてのＷＴＯのウルグアイ・ラウンド交渉などでの米国からの市場開放圧力や、経済界からの農業批判などに関するメディア報道の中で、日本の消費者は長い間、米国の農業は市場原理を徹底し、効率化されて、自立可能で競争力のある素晴らしい産業だと思い込んできた。それに比べ、日本の農業は……。こうした米国と日本の農業の違いについての認識は、ある面は正しいが、ある面は正しくないといいえる。

米国ではCMEグループ傘下のシカゴ商品取引所（CBOT）の先物市場で、主要穀物の価格が決定される。国際指標ともなっている、このマーケットは、既に見たように投機資金の過剰な流入で一時的に現物需給関係とかい離した価格変動になることもあるが、最終的には市場原理が透徹される市場だ。

これに対し、日本の旧食管法下では、コメは政府が全量買い取り、その価格は「生産者米価」と、政治力により、現物の需給とは無関係な高い価格が維持されていた。その後、1995年に食管法が廃止され、流通の自由化、市場原理の導入を理念とする食糧法が導入された。しかし、計画流通米市場では圧倒的な売り手である農協系統組織が価格支配を続け、市場原理が徹底しない中途半端な改革に終わり、期待されたコメ先物市場の創設も農協組織などの抵抗で実現しないままだ。

一方、日本の農業は自由民主党政権下で、補助金漬けと批判され続けたが、実は米国の農業も実にさまざまな手厚い補助金に支えられている。

米国の農業政策の枠組みを決めているのが「農業法」で、最も新しいのは2008年6月に成立した「2008年農業法」（The Food, Conservation, and Energy Act of 2008）だ。これは、「2002年農業法」（The Farm Security and Rural Investment Act of 2002）の後継となるもので、米国の財政赤字の拡大、バイオ燃料振興策に伴う穀物価格の高騰と、結果としての手厚い農業補助政策への批判などを背景に、制度見直し作業が進められた。ただ、02年農業法への評価が高かったために、基本的骨格は08年農業法に引き継がれた。

02年農業法の枠組みを基本とする現在の米国の農業政策をごく簡単に紹介しておこう。基本的な考え方は、トウモロコシ、大豆、小麦といった主要穀物について、市場（国際）価格が生産費を下回った場合に、農家に対してどのような形で、どのような水準の補助金を支給するかということに尽きる。

先進国の農家補助の仕組みの潮流は、過剰生産につながりかねないだけでなく、国際貿易をゆがめる可能性がある「価格支持制度」から、農産物の価格には介入せずに、農家に直接補助金を支払うという「所得補償制度」に移行しつつある。生産者米価を国が決めていた日本の食管制度は価格支持制度であり、自民党政権下での「中山間地直接支払い」の実施、そして今回の民主党政権下での「戸別所得補償」の導入はこうした世界的な農業政策見直しのトレンドの中にある。

米国もかつては「生産調整」、最低価格を保証する目的の「価格支持融資制度」に基づく「融資不足払い」（Loan Deficiency Payment＝LDP）、目標価格と市場価格の差額を補助する「不足払い」などが基本となるより価格支持的な色合いの強い政策だった。その後、１９９６年農業法でいくつかの抜本的な見直しが行われた。一つが生産調整の廃止で、以後、作付面積は生産者の「自己責任」で決まることになった。一方で、従来型の「不足払い」制度が廃止され、市場価格とは関係なく、政府が生産者に毎年、決まった額を支払うという「固定支払い」(Direct Payment)制度が新たに導入された。

そして、2002年農業法では、従来からのLDPと「固定支払い」に加え、「価格変動支払い」(Counter Cyclical Payment)という新たな不足払い的な制度が追加された。08年農業法でも、新たな選択プログラムの追加、価格支持融資レートの一部引き上げなどの見直しは行われたものの、手厚い農業保護の基本的枠組みは維持された。

さらに、トウモロコシ価格の押し上げにつながった、エタノールへの各種支援制度(混合業者への税金控除やエタノール輸入関税)などの間接的支援策を加えれば、米政府は農業への補助をさらに強化している印象だ。

欧米の直接支払い制度を参考にして導入される日本の「戸別所得補償」政策が日本の農業を抜本的に変革することになるかは、今後の細かい制度設計や実施作業の詳細を見なければ判断できない。ただ現時点でも一ついえることは、これまでのような農協系統組織を通じたコメ集荷・販売システムが大きく変わる可能性があるということだ。

従来、出来秋に農協は農家に対し、予想販売価格に基づく仮渡し金を支払い、その後、実際の販売価格から農協の諸費用を差し引いた額と仮渡し金との差額を清算金という形で、翌々年の2月までに農家の口座に振り込む形が多かった。この方法だと農家は自分が作ったコメが最終的にいくらで売れたか、相当後にならないとわからない。諸費用が差し引かれてしまうため、販売価格自体もあいまいな認識のままで、農家の経営者マインドは育ちにくかった。所得補償の制度設計次第では、農協離れを加速させ、コメ作りの抜本改革につながる可能性はある。

一方で、日本のコメでは、米国のCBOTの先物相場のような、現物取引の指標となる透明な市場が整備されていないため、所得補償制度がうまく機能しない懸念はある。所得補償は市場価格と生産コストなどとの差額を基礎とするため、市場価格があいまいであれば、さまざまな混乱を招きかねない。また、所得補償により、農家が農協離れをして、経営マインドが高まったとしても、価格の先行指標となる先物相場がないと、農家は、減反に参加して所得補償を受けるか、それとも減反に参加しないで市場リスクを取るか、判断材料が不足することになる。米国の農家は、常にCBOTの先物価格を見ながら、どのプログラムを利用するかを決断し、そして、先物市場などで価格リスクのヘッジをしている。

この本で何度も強調したように先物市場でも、厳格で公平な市場ルールの適用がなければ、08年のような過剰投機により、少なくとも一時的に現物需給の実態とかい離した価格形成がされてしまう危険性はある。しかし、09年以後のトウモロコシ、大豆相場を見た場合、バイオ燃料の生産急増と、新興国の需要拡大見通しから数年前に比べ水準は切り上がったままだが、バブルははげ落ち、現物需給に見合った先物価格に戻っている。

日本の農協系統組織は、需給に見合ったコメ価格の下落を何とかして防ぎたいとして、コメ先物市場の導入を阻止し続けている。仮に、農家への直接所得補償制度が始まった場合、現物の販売価格が需給を適正に映した価格になっているなら、一般国民も生産費との差額を農家に支援することには納得もいくだろう。逆にいえば、コメ先物市場での価格を見て初めて国民は、そのときの農家への所得補償額が適正であるかどうかも判断できる。さらに、国際的に信頼されるようなコメ市場が日本で形成されるならば、コメの本格的な輸出環境も整うことになる。

◆自由貿易は間違っている？

民主党政権による「戸別所得補償」政策が日本の農業再生に本当につながるのか、現段階では、この政策を支持する農業の専門家の間でも半信半疑の人が多いだろう。同政策導入の推進役の一人となった篠原孝氏だが、本当の農業再生には所得補償でも不十分だと考えている。というより、「所得補償は一時しのぎであり、本来は自由貿易がおかしい」と経済界の重鎮が聞けば呆れてしまいかねない過激な信念を持っている。

篠原氏は、「日本の農業をどうしていくのか。戸別所得補償も必要だが、そんなことよりも何よりもばかみたいに安い農産物が入ってこないようにすることだ。日本人は何でも丁寧に作るし、相当の部分、日本で作れる。多少高くたっていいという人たちも増えてきている。輸出依存できて、それしか日本は生きる道がないといってきたが、それは嘘だ」と極めて直截に語る。そして、かつて農業批判を繰り返してきた「経団連が今や成長戦略は農業と観光だと言っている」と皮肉る。

自由貿易の否定は、日本など先進国では数年前だったらほとんど荒唐無稽の理論として、一顧だにされなかっただろう。昔から同じ主張をしていた篠原氏はごく一部の識者には注目されていたかもしれないが、やはり、同氏の考えはこれまでは農水省内も含め主流の理論にはなり得ていない。

しかし、今回の金融危機が米国型の市場原理主義の限界やグローバリゼーションの弊害をさらけだす中で、篠原氏のような過激な思想は、それほど荒唐無稽ではなくなりつつある。筆者自身、米国に約4年間住み、その食生活を実感し、米国の国土と農業を垣間見たことで、「果たしてこの国の農業と食料生産が人間を幸せにしているのだろうか」という疑問を抱くようになった。

篠原氏は「米国の農業はゆがみきっている」と切り捨てる。

「農業の最終目的は豊かな食生活を提供すること。米国に立派な料理、米国料理というのはあるのか。画一的で、単作で、安ければいいのか。米国と同じ農業、食生活でいいのか」

「欧州には地域、地域の食生活があるが、ケイジャン料理など一部を除き米国にはない」

「米国人は舌で食べず、目で食べずに、腹だけで食べている。これは悲惨だ。これに米国のゆがみが象徴されている。なぜ米国の農業が立派だと絶賛するのか。米国の農業は弱い。おいしいものを作り出せないすさんだ農業だ」

米国の最も田舎の一つであるカンザス州での留学経験、そして世界のグルメ都市であるパリの駐在経験がある篠原氏の米国農業批判はとどまるところを知らない。

篠原氏のこうした米国の食生活、食文化への強烈な批判に、米国に旅行したり、住んだりしたことのある日本人で、少なくとも一部は共感できる人も多いだろう。もちろん、「米国には日本に乏しい個人、個性を尊重するなど素晴らしい価値観や文化があるが、こと食文化に関しては……」といったものだ。そして、そのルーツはやはり英国、アングロサクソン、ゲルマン民族の食文化にあるのではと思わざるを得ない。

筆者が英国で生活していたころ、印象深かったのはロンドンのパブでの光景だ。英国人は、ビターと呼ばれる濃厚な茶色のビールをちびちび飲みながら、ずっと議論をしている。その間、一切食事はおろかつまみすら食べない。彼らの胃腸の強さに驚くとともに、なるほど、彼らにとって、議論や会話が酒のつまみなのだと納得した。日本人なら、食事にそれぞれの蘊蓄《うんちく》を傾け、食を楽しみながら飲んでいるだろう。こうした光景を見慣れると、そうか、アングロサクソンは「食」には日本人やフランス人ほど関心がないんだと気付く。

ただ、食に関心があればいいのか、ないとだめなのかという話ではない。日本人にとっておいしく感じられないものが多い米国の食事も米国の歴史や生活習慣を反映したものでしかない。米国民の大半が「食とは空腹を満たすものであればよい」と考え、まだ、ジャンクフードで満足しているなら、日本人がそれは間違っていると糾弾しても意味はない。

米国の消費者がGM食品や、BSE（牛海綿状脳症）に感染している可能性のある牛の肉、GM技術を駆使して開発し、乳の出る量が大幅に増加する効果のある成長ホルモン「rBST」を注射した乳牛から搾った牛乳などを、食品医薬品局（FDA）などの当局が安全性にお墨付きを出したから大丈夫だと日常的に食べても、ある意味、それは彼らの勝手だろう。

一方、日本人がそうした「不自然」で、工業製品的な食品を不気味に思い、拒否することもわれわれの勝手だろう。米国はそんな日本人を非科学的だと批判するが、政府の委託を受けた科学者のいうことが常に絶対に正しいと信じる感性は欧州人や日本人は持っていないような気がする。

農産物における自由貿易は間違っており、農産物輸入をストップすべきという篠原氏の主張は奇矯に映る。ただ、自由貿易が絶対だと訴えて、世界に市場開放を迫った米国が、国内でやっていることを見れば、そこにはさまざまな矛盾や嘘があることにも気付く。そして、各国の国土・風土、民族の習慣・文化、人間の価値観の相違といった、各国・地域間の溝も大きい。WTOの交渉が進まないのもこうしたことに皆が気付き始めているためではないか。

◆地産地消と工業型農業の限界

「石油が高くなり、輸送コストが高くなってくれれば、皆、地産地消になる。英国はEat Britainと言っていたけど、自国のものを食べようということになっていく」

篠原孝氏は、20年以上前から、食料品は「地産地消（生産地と消費地が近いこと）」が望ましいと訴え、英国で生まれた「food mile」という言葉を日本的に表現した「フードマイレージ」を造語し、その普及に努めてきた。「昔は貯蔵がきく穀物とかだけが大量輸送されていたが、今は野菜や果物も何でも輸送されるようになった。劣化が伴うし、運ぶのに二酸化炭素（CO_2）を出すから、なるべくなら、一番近くのもので食べているのが一番だ」と訴えている。篠原氏は地球環境面でも現在の農産物の自由貿易体制に強硬に異議を唱える。

こうした篠原氏の思想は、第5章で紹介したイリノイ州の有機農家、ヘンリー・ブロックマン氏の考えと見事に共鳴している。

ブロックマン氏は「持続可能な農家をやるならば、小規模であれ」「自動車におけるファクトリー（工場生産）システムを農業に導入したことは人類の犯した間違いだ」「食品の品質とは味に行き着く」「米国の農業システムは大量の余剰農産物を作り、輸出され、第三世界の農家に打撃を与えた」「ある種の貿易には反対ではないが、すべての国は原則、自国民の食料についてある程度すべてを自給すべきだ」「それぞれのコミュニティーが自分たちに農産物を供給してくれる農家、農地に囲まれるようになれば、農家から顧客である消費者に農産物を運ぶのも燃料消費は少なくて済む」などと主張する。

篠原氏は、米国でもブロックマン氏のような有機農家が増え、農家直販市場である「ファーマーズ・マーケット」が拡大していることに対し、「地産地消、旬産旬消が実践できているということだ」と評価する。そして、世界の生産者、消費者の意識が少しずつ変わりつつあることに自信を深めている。

篠原氏が主張する地産地消、「農的循環社会」は、工業型農業の中心地である米イリノイ州の小さな有機農家でも実践が始まっている。

ブロックマン氏は「農業とは本来、破壊的なもの」とシニカルに語る。そして、都市周辺の有機農家がすべての野菜を住民に供給するような環境にやさしいコミュニティーを夢見ている。

一方、かつて中西部の農家をつぶさに見た篠原氏は「米国は自然収奪型農業だ。中西部の農地の3分の1ぐらいは林に戻し、プレーリーに森林を復活させないといけない」とし、米国でも脱工業型農業の動きが出てくることにわずかでも期待を抱いている。この2人の夢は、将来とも、そのまま実現することはないとしても、有機農業のような循環型農業、そして社会が先進国でもう少し広がってくる可能性はまだ残されているのかもしれない。

篠原氏は最後に言う。

「私は、反グローバリゼーション、脱グローバリゼーションと言ってきた。ずっと続いてきた自由化、規制緩和の反動がくるし、そうならないといけないと思う。金融危機が典型的な例だ。こんなに野放図にやっていたらおかしくなると。米国が推し進めてきた自由化は、人間を幸せにしていないのではないか」

米国型市場経済モデルと日本

◆ウォール街の向かう先

欧米先進国は100年に1度とされる米国発の歴史的な金融経済危機をひとまず乗り切ったように

みえる。バーナンキ米連邦準備制度理事会（ＦＲＢ）議長、そしてガイトナー米財務長官のコンビは積極果敢な対策を矢継ぎ早に打ち出し、崖っぷちにあった米金融業界、そして米国を救ったヒーローになった。バーナンキ議長は２００９年12月、米誌タイムの恒例の「今年の人」（パーソン・オブ・ザ・イヤー）に選ばれた。同議長は何兆ドルもの新規資金を注入し、民間企業を救済、実質ゼロ金利を実行し、「単に、米国の金融政策を再構築しただけではない。世界経済を救う努力を先導した」などと絶賛された。

確かに、バーナンキ議長とガイトナー財務長官の救済策で、米国そして世界経済は崩壊を避けられたようにみえる。大恐慌の研究者でもあったバーナンキ氏がＦＲＢ議長ではなかったらどうなっていたか。同氏の冷静さと大胆さは称賛されてしかるべきだろう。

ただ、今回の金融バブルとその崩壊、さらに米政府のなりふり構わぬ救済策の主要場面を、米国、そして日本の片隅で一経済ジャーナリストとして見守る中で、どこか割り切れなさも募っていった。特に、生き残った投資銀行がわずかの間、世間の批判に身を縮めていたが、政府の救済策と超低金利を活かし、再び儲け始め、すぐに高額報酬の支給を再開する姿を目の当たりにすると、平凡な一庶民としてのやっかみも含め憤りも感じる。やはり思うのは、米国は市場原理の国だったのではないかということ。リーマン・ブラザーズを除き、なぜあんなにあっさり自業自得の大手金融機関を救ったのか。

こうした素人の疑問には、常に、「too big, to fail（大きすぎてつぶせない）」という昔からのお題目が返ってくる。あるいは、「火事と一緒だよ。いくら悪さをして火事を起こしたとしても、皆が被害を受ける延焼を黙って見ているわけにはいかないだろう」というもっともらしい回答も聞かれる。

「なるほど、それはそうか」と一瞬、納得する。しかし、「出火原因となった火遊びをした奴は、その後、捕まるよな」とも思う。歴史的にも、ジャンク債の帝王といわれたマイケル・ミルケン氏など、スケープゴートとして刑務所に入った人は多い。

今回も、米史上最大規模の詐欺事件の首謀者バーナード・メードフ氏は禁固150年を言い渡されたし、小物はどこかで大勢捕まっていたかもしれないが、多分、本丸は捕まっていない。マイケル・ムーア監督が新作「キャピタリズム」の中で、大手投資銀行や証券取引所の外で、国民の税金をかすめ取った罪で「逮捕しに来た」などとスピーカーで大声を上げた気持ちに共感できる米国民も多いだろう。

自由主義社会と市場経済を維持するために、厳しいルールとモラルを持っていたはずの米国社会の衰退の始まりを感じる。「モラルハザード（倫理の欠如）」という言葉はどこへ消えてしまったのか。あるいはそもそも虚構だったのか。

今回の金融市場の混乱の中で、自由で平等な社会という米国の嘘が次々にばれてきている。恣意的な金融機関の救済だけでなく、他の投資家よりわずかに早く入手した株式の出来高情報に基づいて取引する「フラッシュ・トレード」しかり、この本で紹介した商品先物市場における大手投資銀行のポジション（建玉）制限の適用除外という「ループホール（抜け道）」もそうだ。

リーマン・ショック以降、米国で最後に残された強い産業である金融業界を何とか生き残らせるために、米国の指導層はなりふり構わず金融機関を救済。そして、ウォール街の断罪を避けた。しかし、さすがにここにきて、規制は強化せざるを得なくなってきている。もちろんそれはポーズの域を出ない公算も大きいが。

日本人がバブル期に、欧米メディアから、「エコノミックアニマル」だと罵られたのと同様に、特にアングロサクソンの金融業界は「Greed（強欲）」という表現で世界から批判されるようになった。その象徴が金融機関の幹部やトレーダーの巨額報酬への批判の高まりだった。

「例えば、ゴールドマン・サックスの40歳ぐらいの中堅社員でもボーナス込みで年俸は1億円ぐらい。すごく優秀なら理解もできるが……」と、嫉妬半ばにぼやくのはニューヨークのある邦銀マン。アジア通貨危機やIT（情報技術）バブル崩壊などのさまざまな危機を乗り越え、FRBの積極的な金融緩和策で、過剰流動性がどんどん膨らむ中、わが世の春を謳歌してきたのが、欧米の投資銀行マンだ。

そこでは、既に人間の良識は麻痺していた。今回、住宅バブルの崩壊による信用収縮が起きて初めて、実体のない栄華が永遠に続くものではないと気付いた。ある国際金融筋は「今回の危機は証券化商品やデリバティブ（金融派生商品）といった商品そのものの問題ではなく、人間のモラルの問題だ」と言う。

そもそも、最近の金融業界がその高額報酬に見合う創造と社会貢献をしていたのだろうか。デリバティブ取引の黎明期に、ジョージ・ソロス氏が誰もが思いつかなかった社会、経済、市場システムの矛盾やひずみをつき、巨額の利益を挙げたのは、既得権益を崩し、新市場を開拓した創業者の利得としてある部分納得できる。

しかし、最近のデリバティブ取引には独創的なところは少なくなり、テクニックは普遍化。スプレッドが縮小する中で、信用膨張を背景にレバレッジというバブル的手法で利益を膨らませていただけだ。

「不幸なことに、この瞬間でも金融業界には間違った方向に導こうとする者がいる。リーマン危機の教訓を学ぼうとするのではなく、無視しようとしている。われわれは、この危機の核心である歯止めのない無謀な行動ばかりだった日々には戻らない。そこにあったのは、簡単に相手を打ち負かし、莫大なボーナスをもらうという動機ばかりだ」

リーマン・ブラザーズの破たんから丸1年を控えた09年9月14日、オバマ大統領は金融危機の震源地となったニューヨーク・ウォール街で演説し金融業界幹部をこう叱った。参加した金融関係者らは、終了後は記者団の質問を避けるかのように足早に演説会場を去ったという。

また、対岸の欧州ではフランスのサルコジ大統領、ドイツのメルケル首相が銀行の高額報酬批判の急先鋒となった。独仏首脳は、市場原理主義の母国である英国のブラウン首相も巻き込んで、この問題を国際会議の主要議題にすることに成功。米ピッツバーグで09年9月下旬に行われた主要20カ国・地域（G20）金融サミット（首脳会合）では、事前予想よりも踏み込んだ形での金融機関幹部の報酬制限の導入で合意した。

特に欧州主要国首脳の金融業界に対する厳しい姿勢には「選挙などを意識した人気取りにすぎない」といった批判もあるが、モラルハザードを起こした金融業界に当然の風当たりのように思える。もし、このまま問題を放っておいたら、巨大金融機関であれば、博打をやって経営危機に陥っても必ず国が救ってくれるといったようにモラル危機は一段と深刻化するだろう。

金融業界のモラル再構築の前途は多難だ。米国でオバマ大統領がいくらこぶしを振り上げても、政権のいたるところに、ゴールドマン・サックスを象徴とするウォール街の影が見え隠れする。

また、今回の教訓から今後は市場原理そのものを否定すべきかといえば、そうではないだろう。要は、市場原理とは、すべてが自由ということではない。市場原理を活かしたマーケットを維持していくには、厳格なルールが不可欠だ。そして、ルール違反をした場合には市場から退出させられるなどの制裁を受け、モラルを維持する必要がある。

◆〝ステロイド化〟した米国経済

話を少しさかのぼる。2005年8月下旬、米ルイジアナ州ニューオーリンズ周辺を直撃した大型ハリケーン「カトリーナ」は米国に未曾有の自然災害をもたらした。原油相場は初の1バレル＝70ドル台に乗せ、史上最高値ペースとなり、それまでインフレなき持続的な成長を続けてきた米国経済への悪影響も懸念された。

カトリーナによる被害状況が伝わると、市場では「9月の利上げはないのでは」との思惑が一気に広がり、株価は上昇、短期金利は急低下した。しかし、FRBは9月20日の連邦公開市場委員会（FOMC）で、フェデラルファンド（FF）金利の誘導目標を0・25％引き上げ、年3・5％とすることを決めた。前年6月末から連続11回目の利上げだった。まだ、グリーンスパン前議長が率いていた時代のことだ。このときのFOMCの声明では、「（カトリーナにより）短期的な経済動向は不透明感を増しているが、持続的な脅威をもたらすものではない」との見解が示された。

ちょうどこのころ、シカゴ商品取引所（CBOT）内にオフィスがある日本人金融ストラテジストに取材をした。その人物は米独立系ブローカー、DTトレーディングの滝沢伯文アカウント・エグゼクティブで、シカゴでは知られたカリスマ債券ディーラーだ。同氏は日興証券入社後、ニューヨーク支店などで勤務。その後、米シティグループなどを経て、米老舗先物会社オコーナー傘下のDTトレーディングに02年に移籍した。

このときの取材趣旨自体は、カトリーナ後の米経済とこのときの利上げが債券市場に与える影響などに関するコメントを取るためだったが、滝沢氏はいつものように無愛想に「そんな目先的な話に、僕は興味ない」と言いながら、米国経済の行く末を見切ったかのように大きなシナリオを語り始めた。

「米国は、既に景気のピークは過ぎており、減税などの薬を打ち続けて、持ちこたえていたようなもの」「日本が債券（金利）の国なら、米国は株式の国であり、レバレッジの国だ。つまり借金が新たなお金を生むということ。こういう国では、実はある程度のインフレがないとお金が回転していかない」などと言う。つまり、株式そして住宅などの資産インフレ、価格上昇があって初めて経済が成り立つ危うい国だということだ。

その上で、「米国民、米経済は高配当に慣れてしまっている。株式や住宅などの市場が崩れたらどうなるか。それはまさしく、相場のディバックル（debacle＝大崩落）だ」と不気味な予言をした。

同氏のシナリオの根幹部分を要約すれば、それまでの米国の持続的経済成長を支えてきたホーム・エクイティー・ローンなどの住宅資産を担保とした借金が、住宅市場のピークアウトとともに返済できなくなり、資金の回転が利かなくなる。連鎖的に、株式市場などにも崩壊が波及する可能性もあるというものだ。

図表6-1　COMEX金先物チャート

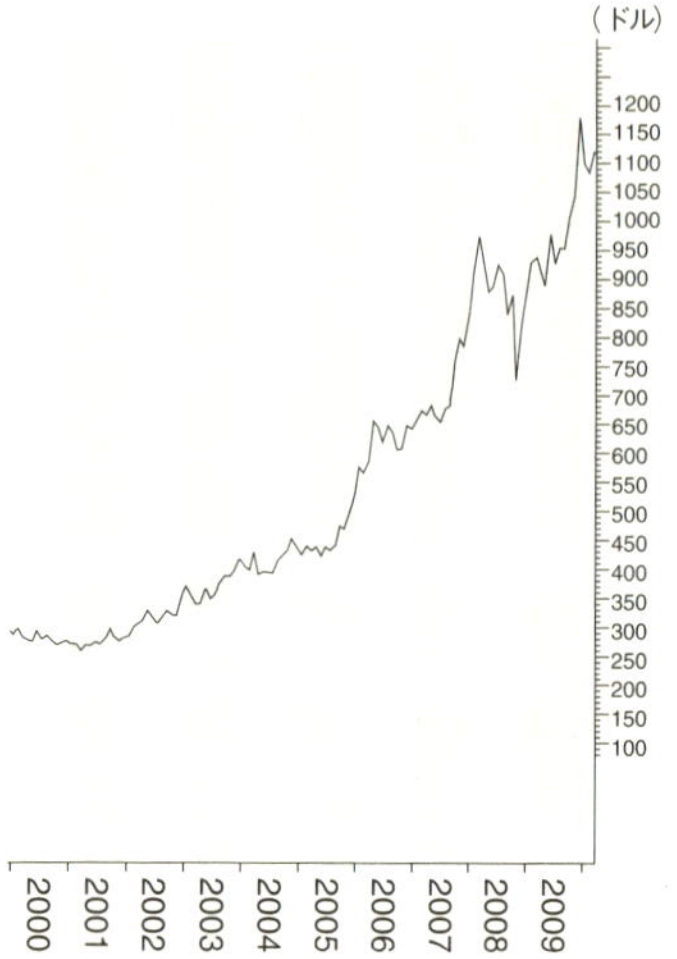

そして、「現在の虚妄の米国金融市場のディバックルに備えるという意味で、以前から金（ゴールド）に注目している」とも力説した。それも、従来のインフレヘッジというよりは、ラストリゾートとしての金の価値だという。米経済が崩落した場合、ドルは暴落し、ユーロにまだ世界経済を支えるほどの信認がないとすれば、資産保全の選択肢は金しかなくなるというわけだ。

このインタビューは、低所得者向け高金利型（サブプライム）住宅ローン問題がはじける約2年前のものだった。今でこそ、住宅バブルの崩壊という一般的な結論と変わらなく思えるかもしれないが、当時はまだ米経済の無謬神話が生きていた時代だ。そして当時1オンス＝400ドル台だった金相場はその後、3倍近い1200ドル付近まで高騰した。

1993年に日興証券の米国シカゴ駐在となって以来、ニューヨークの3年間を挟んでシカゴに延べ14年、合計17年間米国に在住し、今もCBOTのフロアで、生き馬の目を抜くような米国人の株式や債券トレーダーらとの戦いに明け暮れ、生き残ってきた滝沢氏は米国の市場経済の本質を皮膚感覚として身につけている。もちろんその恩恵にも浴しただろうし、その強さも体感している。しかし、その大いなる欺瞞と限界についても早い時期から顧客に伝えるとともに警鐘を発してきた。

滝沢氏は、米国の金融危機が発生するかなり前から、米国について「ヘッジファンド化した国家」と見抜き、大リーグで薬物使用疑惑が拡大する中では、「米国経済自体がステロイド化」していると表現するなど、危機の本質を鋭くえぐり出してきた。そして、金融危機が拡大、米政府がなりふり構わぬ、金融機関の救済に乗り出したときには、「末期症状のがん患者に対し、痛み止めのモルヒネをあちこちに打ってしまったということ。痛みをなくすことと、病気の根源を治すことを錯覚している」と揶揄した。

さらに、米ナスダック株式市場を運営するナスダック・ストック・マーケット（現ナスダックOMXグループ）の元会長である、バーナード・メードフ被告が引き起こした米史上最大規模とされる巨額詐欺事件については、発覚直後に、「これほどのファンドでいかにデューデリジェンス（資産査定）

がいいかげんだったか。米国がマネーという魔物により建国以来のプリンシプル（原理原則）を失ったことを象徴している」と嘆いた。

　そして、低所得者向け高金利型（サブプライム）問題に端を発した信用不安の高まりを受けて、公定歩合を年6・25％から5・75％に緊急に引き下げることを決定した07年8月17日の連邦公開市場委員会（FOMC）直後のインタビューでは、「世界が過剰流動性を背景に、過剰利益の追求と金融機関の過当競争という連鎖ゲームに突入してしまったことに、米国内で誰もブレーキをかけないというのは異常事態だ。世界経済は流動性という栄養の取り過ぎで機能障害を起こし、結果、必要な栄養を取れないという〝慢性糖尿病〟のリスクにある」と世界経済危機の本質を喝破した。

◆マネーは巡り、バブルは繰り返す

　シカゴが本社の米調査会社ヘッジファンド・リサーチ（HFR）が2010年1月20日に発表したところによると、09年の世界のヘッジファンド業界の資金流出入状況は第4四半期には138億ドルの純流入となったものの、年間では結局、1312億ドルの純流出で、2年連続の資金流出（08年は1544億ドル）となった。ただ、運用成績の向上もあり、09年末時点の業界の運用資産残高は08年末比14％増の1兆6002億ドルと2年ぶりに増加に転じた。ただ、07年末の1兆8684億ドルに比べるとまだ14％減の水準だ（図表6-2）。

　また、ヘッジファンド業界の運用成績を示すHFRIファンド加重総合指数を見てみよう。

図表6-2　ヘッジファンド業界の資産残高推移および資金流出入状況

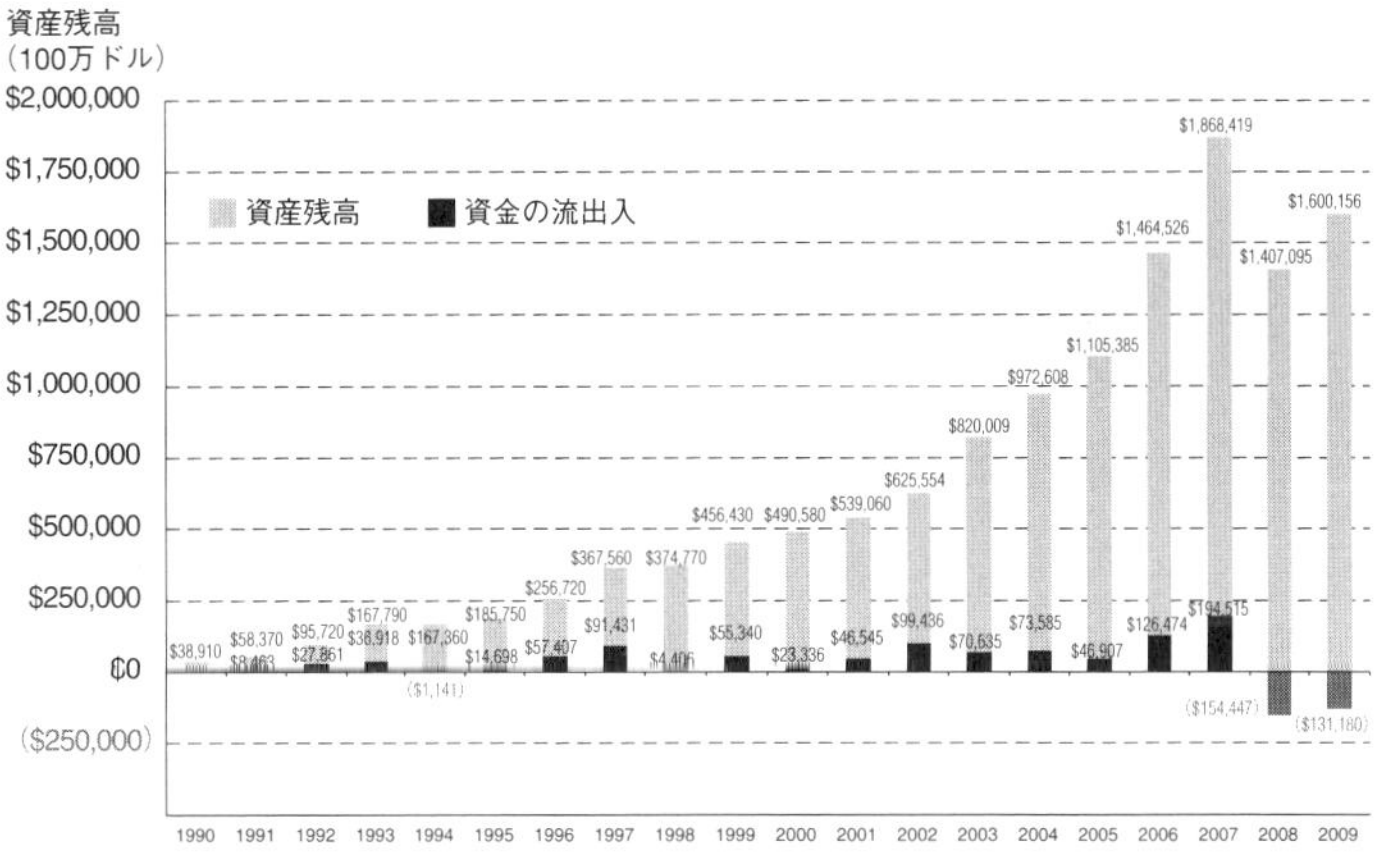

出典 ヘッジファンド・リサーチ

08年は金融危機と景気低迷のあおりを受け、マイナス19・03%と、同社がデータを公表している１９９０年以降では最悪の成績だった。しかし２００９年は、プラス20・12%と、１９９９年（プラス31・29%）以来、10年ぶりの好成績となった。超金融緩和の継続を背景に株式や商品などへのリスク投資が回復し、バブルマネーが急速に回復しつつあることは歴然だ。

ちなみに、同社は商品投資ブームを背景に、商品指数の運用成績も公表し始めた。それによると、農産物指数は２００７年がプラス10・54%、08年がマイナス３・11%、09年はプラス６・66%、エネルギー指数はそれぞれ、プラス17・66%、マイナス13・36%、プラス２・15%と、08年に落ち込んだ運用成績は09年に持ち直していることがわかる。さらに、金属指数はそれぞれ、プラス19・50%、マイナス２・94%、プラス38・80%と、09年の急回復ぶりが目覚ましく、これは金相場の高騰が寄与しているもようだ。

ＦＲＢは09年12月のＦＯＭＣで、金融危機に際して導入した各種緊急流動性供給策の大半を期限である10年2月1日に打ち切ることを決めた。「金融市場の機能改善」が理由で、金融政策を平常時に戻す「出口戦略」が着実に前進している印象だ。ただ、労働市場の回復の遅れなどに配慮し、政策金利であるＦＦ金利の誘導目標は0〜0・25％に据え置き、しばらくは実質ゼロ金利を維持する方針を確認した。

タイム誌の09年の「今年の人」に選ばれたバーナンキＦＲＢ議長は「出口戦略」を焦らず、細心の注意を払って進めているようにみえる。このときのＦＯＭＣで事前に「公定歩合の引き上げもある」とのうわさも流れたが、金融引き締めに転じるには時期尚早と判断したようだ。日本のバブル崩壊後の金融政策も教訓となっているのだろう。

しかし、グリーンスパン時代を見ても、金融引き締め策への転換の遅れがバブルを再発させる原因になっているケースが多いように思われる。先進国では農産物から工業品まで、生産性の向上によって、需給ひっ迫によるモノのインフレが起こる可能性は低くなっている。しかし、その分、余剰資金は金融市場、不動産、そして商品相場という資産に向かう危険性は極めて高い。

ＨＦＲのデータを見ても、ヘッジファンド業界の運用資産残高は、08年第2四半期末のピークから、09年第1四半期末には約3割減となったが、その後の回復により、早くも06年末（1兆4645億ドル）の水準を上回ってきている。明らかに今回の金融危機の構造的要因となった過剰流動性は温存されている。

米政府当局が金融市場と金融業界の崩落を食い止めたがゆえに、強欲な市場原理主義は生き延び、依然、巨額の投機資金は、高度成長路線に復帰した新興国の株式市場に再び流入、商品市場でも金やソフトコモディティー（商品）と呼ばれる、砂糖やココアなどの一部産物市場に向かっている。超金融緩和政策の継続を背景に再膨張し始めた投機資金は全世界の割安なマーケットを虎視眈々と狙っている。

1990年代後半のアジア通貨危機、ロシア金融危機、ロングターム・キャピタル・マネジメント（LTCM）の破たん、そして2000年のITバブル崩壊と繰り返し発生したバブルと、結局、同じ話の繰り返しではないのか。これらの危機当時、自分が執筆した記事を改めて読み直すと、今回の金融危機についても、その原因や構造などで、ほとんど似たようなストーリーを書いていることに気付く。

日本の1990年ごろからの不動産バブル崩壊では、10年以上が失われたとされた。いや、20年たっても、日本人は人口減少、国力や民族力の衰退という長期的悲観論もあり、呻吟し続けているといってもよい。

これに対して、米国民、特に米金融業界は何事もなかったかのように、早くも自信を取り戻し、再びマネー主導の経済で全世界に投資し、上前をはねていくようになるのか。日本とのその活力の違いは、移民の流入もあり、依然、人口が増え続ける相対的に若い国家であるからか。それとも価値観の相違なのか。

２００９年12月20日に放映されたＮＨＫスペシャル「マネー資本主義・ウォール街のモンスター」は、改めてリーマン・ショックの背景となる金融政策の変遷や当事者の人間模様を描いた。その中では、かつて住宅ローンを金融商品化するソフト開発を行い巨額の報酬をもらっていた元リーマン・ブラザーズ社員が、今はニューヨーク郊外の海でほそぼそとカキの養殖業を営み、カキを1個60円で売っている話を紹介していた。

「カネを動かすだけの金融がそんなに大きくなるなんておかしい。ウォール街は金融機関の本当の役割を忘れたのさ」などと語らせ、ウォール街の強欲に絶望し、決別した人たちもいると説明した。

こうしたストーリー自体はよくありがちで、テレビらしい巧みな演出だ。ただ、印象的だったのは、番組の最後で、この元社員が、近所の人に「カキをあげたら、ポテトとカリフラワーをくれたよ」と言いながら、採ったばかりのカキを、殻を開けて本当においしそうに食べ、「うまい、王様の気分だ」とつぶやいたシーンだった。

◆いばらの道続くオバマ氏

「米国民の根源的な良識に気づかせてくれたのが、ここスプリングフィールドだった。ここで、その良識を通じて、もっと希望に満ちた米国を築き上げることができると私は信じるようになった。だから、かつてリンカーンが『二つに割れた家』に対し結束しようと訴えたこの旧州議事堂、共通の希望と夢がまだあるこの地で、米国大統領への立候補を発表するために、きょう皆の前にいる」

２００７年２月10日朝。米イリノイ州の中央に位置する州都スプリングフィールドにある旧州議事堂前の広場。「奴隷解放の父」とされる第16代リンカーン大統領ゆかりの地で、オバマ氏は大統領選への立候補を表明した。

この日の早朝、シカゴから車を3時間ほど飛ばして会場に駆けつけた。シカゴの冬の寒さの厳しさに慣れ始めていたとはいえ、この日は多分初めての経験と思われるほどの極寒だった。演説をメモ取りするため、用意した数本のボールペンは、数文字書いただけですぐに凍りつき、書けなくなる。慌てて、テレビ中継を見てくれていたワシントン支局の同僚に予定稿の差し替えを頼んだ。

駆けつけた多数の支持者が待つ中、アイルランド出身の大物ロックバンド「Ｕ２」の「シティ・オブ・ブラインディング・ライツ」という曲が流れ始める。極寒が似合う凛々《りり》しいＵ２の曲が候補とその場の状況にマッチし、背中がゾクゾクッとするほどの興奮を覚えた。本人は黒いコートを着てさっそうと登場。記者の仕事を忘れ、「格好いい」と思った。

オバマ氏の大統領出馬表明演説

周知のようにオバマ氏はその後、あれよあれよ、という間に大統領に上り詰め、いまだに人種差別が強く残る米国で、初の黒人大統領の誕生として全米、全世界を熱狂させた。

09年1月の大統領就任から1年以上が過ぎ、歓喜と希望は、懐疑と失望に取って代わられつつあるようにみえる。支持率は右肩下がりの低落。最大の課題とされた経済再生では、景気の落ち込みは何とか食い止め、株価は反発局面が続くが、失業率は10％付近で高止まりし、雇用の本格回復への道は険しい。イラク、アフガニスタンという二つの戦争では出口の見えない苦難が続く。最大の政策課題の一つだった医療保険改革は国を二分する激論の末、ようやく実現に至ったものの、大幅な妥協を余儀なくされ、理想とは遠いものになった。

金融規制改革では、オバマ大統領は10年1月21日、経済回復諮問会議のボルカー議長（元米連邦準備制度理事会＝ＦＲＢ＝議長）の名前から取った「ボルカー・ルール」という新たな規制案を打ち出した。このルールは商業銀行に対し、ヘッジファンドなどの保有、投資を禁止するほか、顧客取引とは関係のない自己勘定取引を制限することが柱で、銀行による過剰なリスク投資を防ぐのが狙いだ。これは大恐慌の反省から１９３３年に生まれた、銀行と証券業務の分離を規定したグラス・スティーガル法の事実上の復活とも受け止められた。さらに、「大き過ぎてつぶせない（too big to fail）」という金融業界のジレンマを打破するため、金融機関の規模を制限する方針も盛り込んだ。

これら新たな金融規制強化案はウォール街の利益を代弁するウォール・ストリート・ジャーナル紙だけでなく、多くのメディアから、強欲なウォール街を懲らしめるといった単なる大衆迎合だと酷評され、実効性もないだろうと軽んじられた。しかし、この本でも見てきたように、２００８年の未曽有の金融危機は、銀行が国民から小口の預金を集め、それを産業向けの融資に充て、余資を安定運用するという伝統的業務を忘れ、博打に走った結果もたらされたものだ。公益性の高い銀行だからと公的資金によって救われたが、本来なら、自己責任で倒産させてよかった事例だ。ボルカー・ルールは個人預金を扱う商業銀行を、自己責任で博打をする金融業者から峻別し、「大き過ぎてつぶせない」という金融業のジレンマ、あるいは欺瞞に対処しようとするものだ。

オバマ大統領の苦闘と人気凋落は何を意味するのか。改めて大統領選への出馬表明時や選挙戦中の演説をみれば、現在の苦難も覚悟の上だったことがわかる。出馬表明演説では自身を南北戦争と奴隷解放という米国の歴史上で最も困難だったと思われる時代を指導したリンカーンになぞらえた。そして大統領指名受諾演説では、ごく自然にマルチン・ルーサー・キング牧師の言葉を引用した。現在、自らが直面している米国内での政治経済社会のさまざまな課題は、リンカーン元大統領やキング牧師が直面した困難に比べればまだスケールの小さな話であり、強い信念さえ持ち続ければ決して乗り越えられないものではないと思っていても不思議はない。

オバマ大統領の「変革」への挑戦は予想通り「いばらの道」だった。理想を掲げて大統領選挙を戦ったが、就任後は妥協を重ねて、人気も失った。しかし、それは政治家の宿命だ。これからも険しい道が続くだろうが、信念を忘れずに、一歩一歩、前に歩みを続けるしかない。欧米、つまり白人の価値観が世界を先導してきた構図が大きく揺らぎ始める中で、ケニア人を父に、白人女性を母にハワイで生まれ、多感な少年時代の数年間をインドネシアで過ごしたというオバマ氏の出自、多文化的な素養、そして個人的苦悩も率直に語ることのできる人間らしさは、将来世界が、「民族紛争」「戦争と平和」といった、最も重厚な命題に取り組む際に貴重な財産になるだろう。その時にオバマ氏がまだ米国大統領、あるいは影響力のある他の地位を保っているならば、米国はもう一度世界からの尊敬と信頼を取り戻すことができるかもしれない。

◆農と金融、労働の価値

筆者が米国のハートランドと呼ばれる、シカゴに赴任して最初に強い印象を受けたのは、日本の相撲取り級の肥満があふれていたことだ。そして、庶民的なレストランに入り、出てくる食事の量の多さに困った。個人的な好みの違いもあり、「まずい」という評価で決めつけることはできないかもしれないが、少なくとも日本人の舌には合わないものが多いと悟った。無難と思われた中華料理ですらそうだ。

そして、当初は学校でのジャンクフードや炭酸飲料水の販売問題を含め、肥満や食生活、そして貧困問題に関する記事も多数出稿したが、そのうち気乗りしなくなった。いまさらながら、食文化の違い、価値観の違い、貧困問題の深刻さに無力感を感じたからだ。

オバマ大統領誕生のシカゴ市内

米国に来てしばらくして浮かんできた言葉は、「不自然な国」というものだった。農業分野でいえば、以前からウォッチをしてきた遺伝子組み換え（ＧＭ）作物がその代表例であり、第５章で紹介した、最近ようやく消費者から敬遠され始めた乳牛成長ホルモン「ｒＢＳＴ」（商品名ポジラック）問題がさらにそういう思いを強くさせた。

欧米ではもともと自然とは征服するもので、収奪の対象でしかないとよくいわれる。最近でこそ、特に欧州大陸では、環境意識が高まってきたが、米国ではいまだに農産物も一定の安全性さえ確認できれば、人間の都合のいいように科学技術で、いくらでも改変してもいいという価値観が強いようだ。

「八百万《やおよろず》の神」あるいは「森羅万象」などの表現で、自然の大きさ、強さに敬意と畏怖の思いを抱くと同時に人間の卑小さを感じてきた多くの日本人には、どこかで違和感を覚えざるを得ない。米国では整形、肥満整形、そしてスポーツ選手のステロイド（筋肉増強剤）などがごく当たり前になっていることにも「不自然さ」を感じた。

そして、金融業界は、当局が不可避的（？）に創出した過剰流動性を、レバレッジやデリバティブといった人工的なステロイドでどんどん膨らませていった。本来、現物価格のヘッジ手段であり、現物市場に見合った資金量に制限されるべきだった商品先物市場には、現物取引量をはるかに上回る投機資金が流入してしまった。

こうして、ステロイドで肥大化したマネー経済の中で、金融業界の報酬もケタはずれとなっていった。大学で経営学修士（ＭＢＡ）を取っただけで、創業リスクを取ったわけでもない若手金融マンは、市場間のスプレッドを取るだけで簡単に数億円の報酬を手にする。あるいは会社のカネで博打を打って成功すれば、高給を要求できる。

有機農家が毎年、どの野菜が土地に一番適していて、消費者にも好まれるかを必死に考え、一家総出で重労働をしても、一家の生活費を賄うのが精いっぱいというこの労働報酬の差はいったい何なのだろうか。米国の穀物農家は政府から補助金を投入してもらい、さらにエタノール・バブルの恩恵に浴したとされるが、それでも、金融業界の報酬とはケタが違うだろう。

もちろん、労働からの報酬はお金だけではない。オバマ大統領は、ハーバード大学法科大学院で、最も権威のあるハーバード・ロー・レビュー誌初の黒人編集長となり、ウォール街の高給弁護士にもなれたが、それに背を向け政治の道を選んだ。大統領就任後は、政治家らしく、ウォール街も利用し、利用されといった関係で、上手に付き合っているようにみえるが、"Greed"という言葉を多用したり、金融界を「"fat cat bankers"（太った猫のような銀行家ども）」と呼んだりしている姿を見ると、単なる一般庶民の人気取りだけでない、オバマ氏のウォール街に対する根深い不信感を感じる。

農家出身ながら大学教授になった父親を持つイリノイ州のブロックマン氏は日本を含め世界を旅した後、「自分が幼いころに食べたおいしい食事を子供たちに食べさせたい」と思い、父がまだ持っていた農地を引き継いで有機農業を始めた。そして、「不自然な国、米国」でもブロックマン氏の有機農業に対する哲学に共鳴し、一般のスーパーに売られている大量生産され、長距離輸送される工業生産型の農産物から離れていく消費者も出始めている。

◆日本の行く道——市場原理主義を超えて

日本で静かに続いているとされる農業ブームの本質は何だろうか。単に、東京での気苦労ばかりのサラリーマン生活に疲れ、癒やしを求めているだけなのか。その場合は、重労働にもかかわらず、収入が驚くほどわずかでしかないことに愕然として、すぐにあきらめてしまうか、家庭菜園で満足してしまうのだろう。

　こうした現状を深く認識し、十分な資金面での準備や心構えを整えた上で、労働の価値を実感するために腰を据えて取り組んでいけるのかどうか。筆者自身にも農業の経験がないゆえに、なかなか想像しにくいものがある。

　20年近く前に、英国ロンドンで初めて本格的に国際金融の取材をしたときには、デリバティブ取引のイノベーションの面白さに興奮すると同時に、取材先からは「欧米人は狩猟民族、日本人は農耕民族」であり、日本人は国際金融市場で、大きなリスクを取って、異なった市場間のサヤ（スプレッド）を抜くような仕事には向かないという話にうなずかされた。

　もちろん、国際金融の世界で、アングロサクソンに対抗して生き抜いている日本人は今や大勢いるが、それでも国民の全般的な特性としては、毎年、村人が協力して種をまき、丹念に手入れをして、皆で収穫するという農作業的な仕事の方が向いているのだろうと思う。そして、日本人の几帳面さは、自動車などの製造業、「ものづくり」に適しているだろうというのも頷ける話だ。

　しかし、日本企業自体がグローバル化し、アジアだけでなく、アングロサクソンの国でも、ラテン系の国でもどこでも地元に根を下ろしてビジネスを展開せざるを得なくなった時代では、農耕民族だからと、いつまでも言い訳をしているわけにもいかない。

　今回の金融危機で、市場原理主義の限界と欺瞞が露呈したからといっても、少なくとも表面的に社会主義体制に移行することはないだろう。また、経済力が衰えつつある中では、日本の「ものづくり」の伝統や作法をすべての外国人に強制できるわけでもない。教科書で習った通り、大昔も、例えば、狩猟民族と農耕民族はおのおのの収穫物を交換、つまり物々交換をすることで互いに発展し、市場経済につながっていった。

国際通貨研究所の行天豊雄理事長（元大蔵省財務官）は2008年9月に米シカゴで開催されたシカゴ日本商工会議所主催の講演会で、サブプライム問題を発端とする米国の金融危機について、「第2次世界大戦後、一貫して米国で進んできた自由化方向への振り子が最後まできて戻るか、といった歴史的転機を迎えている」ことを意味すると語った。

一方、金融資本主義が行き過ぎ、カジノ資本主義の破たんだなどとの批判も日本でも出ていることについては危険な兆候だと批判した。その理由は、自由化では米国よりずっと遅れて走っている日本が、「中途半端なところで逆戻りしてしまう」ことになるからだという。「改革は行き過ぎて弊害がわかるぐらいが本当の改革」であり、その見直しも意味のあるものになると訴え、日本の金融の自由化や改革の後戻りに強い懸念を表明した。

行天氏の言うように金融市場、あるいは経済の自由化はどこまでが妥当で、どこからが行き過ぎかは、行き過ぎてみて初めてわかるのだろう。市場原理主義を超えた、新たな社会経済システムを模索するためには、一度はきっちりと市場経済を国民が体感する必要はあるだろう。もちろん、日本でも既に十分に市場経済化された分野も多いが、農業、特にコメの世界ではまだこれからの話だ。もちろん、米国ほど行き過ぎる必要はないし、日本人なら市場原理の弊害に早めに気付くだろう。

環境や国土条件に大きく制約される農業は、金融市場や他の産業ほど、グローバル化やフラット化は進まないだろう。それでも一度は、コメという主食で、先物取引などの本格的な市場経済化を経験する必要はある。これを実行してみて初めて、完全な市場経済下では持続可能になり得ないのはどのようなケースか、どのような支援の仕組みが妥当なのかも見えてくるのではないか。民主党政権の戸別所得補償制度で試されるのがこうした視点を明確に持っているかどうかだ。

日本の農業の将来像は、工業的な農業で強みを発揮する今の米国農業とは異なったものになるだろう。歴史や国土条件を踏まえれば、どちらかといえば欧州に学べるところが多いと思われる。一方、米国の農産物の価格形成のあり方、先物市場の基本的な仕組みの習熟は重要なレッスンになるだろう。それは、実は日本人にとって全く初めての経験ではなく、江戸・享保年間に世界に先駆けて始まった本格的先物取引所である、大坂堂島米会所の歴史を思い出させることにもなる。

ただ、時代の違いも大きい。慢性的な過剰流動性により、未曾有の危機を経験した米国、そして各国政府当局はいまだに、巨大化し、暴走を続ける投機マネーを制御できていない。金融バブルの生成と崩壊からいかに、穀物やエネルギー市場を守るのか。どのような防波堤が可能なのか。08年の商品市場の大投機相場のさらなる検証が不可欠だ。

おわりに

本書では米国のエタノールという新興産業の興亡を一つの舞台設定に、マネー、エネルギー、環境、そして農業と食といった、最近関心の高まっているテーマを取り上げた。本来は、バイオ燃料ブームがピークを迎え、商品の大投機相場が崩壊した直後に出版できれば理想的とも思われたが、大幅に遅れてしまった。また、テーマを絞り込みきれず、ごった煮になってしまったかもしれない。多少専門的で、わかりにくい話も多かっただろう。ただ、これらのテーマを考える上での素材の提供ぐらいはできたのではとも思う。

米国は、その経済覇権が揺らぎ始める中で、今後どちらの針路に向かっていこうとしているのか。一介の記者でしかない筆者には確信に満ちた予言などできない。また、オバマ大統領の地元シカゴに在住し、その一挙手一投足を見守ってきた一市民としてどうしてもオバマ氏をひいき目で見てしまいがちだ。米国の市場原理主義の行き過ぎ、米国社会の欺瞞を見せつけられたが、それでは、日本はどちらの方向に向かえば良いか迷いは深い。米国ほど行き過ぎる必要はないが、規制を緩和し、市場原理をもっと導入した方が良い分野は官僚制度も含めまだ日本社会のあちこちにある。

この本の多くのパートは、筆者が時事通信社シカゴ特派員として米国に駐在した2005年1月末から09年4月初めまでの約4年2カ月の間に取材し、執筆、配信した記事を主にベースにしている。同社のニューズレターである「金融財政（現・金融財政ビジネス）」「農林経済（現在・休刊）」などに寄稿した記事を再構成したパートもある。改めて、シカゴ特派員というチャンスを与え、さまざまな出張取材を承認してくれた時事通信社の関係各位、そして長文の記事を快く掲載してくれた各ニューズレターの編集長に謝意を表したい。さらに、投資・IR専門雑誌「ジャパニーズ・インベスター（JI）」（発行・宝印刷）にペンネームで連載している記事（「激動する国際情勢を読む」）も利用した。毎回、熱心に執筆機会を提供してくださったのは岩切徹編集長だ。

シカゴ赴任中は、予想外に大きなニュースに恵まれた。時事通信社シカゴ支局は、先物取引所の取材が中心で、毎日地道に金融、穀物市場の市況記事を執筆するのが本来の仕事だ。その本業では、何十年に1回という歴史的な大相場に遭遇する幸運に恵まれた。そして、エタノールブーム、世界的な食料危機議論の真っただ中にいることができた。さらには、米大リーグ、ホワイトソックスのよもやのワールド・シリーズ制覇も目撃した。そして、オバマ氏の登場により、米国社会の強さと矛盾を垣間見ることができた。

シカゴではこの本の中で紹介した人以外にも公私とも実に多くの方にお世話になった。時事通信社シカゴ支局でたった一人の同僚だった順子ジェントリー記者は類まれな英語力と熱心な取材で先物業界のアナリストなどの専門家のネットワークを確立し、取材活動に大きな貢献をしてくれた。同記者とも親しい穀物アナリストのジャック・スコービル氏、ダン・バッセ氏、ビック・レスピナーゼ氏など多くの商品市場のプロフェッショナルの日々のコメントは仕事に欠かせないものだった。

米国の先物業界に関する指南役だったのは、当時、米独立系先物会社の最大手R・J・オブライエンで主に日系顧客を担当していた三田昇二氏だ。まだ取材網のなかった赴任当初、同氏のシカゴ先物業界の専門情報は極めて貴重だった。そして、苦闘が続く日本の先物業界の現状も熟知し、広範な人脈を持つ同氏との語らいは楽しかった。穀物相場の取材では、日本の大手商社の穀物事業部でシカゴ地区に唯一拠点を持っていた豊田通商（旧トーメン）の歴代の駐在員の方々には、日々の市況取材だけでなく農家やカントリーエレベーターの紹介などお世話になりっぱなしだった。穀物産地のすぐそばでのナマの産地情報は何物にも代えがたかった。また、全農グレインの輸出エレベーターの取材では篠原浩二氏に、取材アレンジ、施設見学などで大変なお骨折りをいただいた。

そして、農林水産省から日本貿易振興機構（ジェトロ）シカゴ事務所に出向されていた山口潤一郎氏（現農水省）と後任の三野敏克氏には、米国のエタノール政策、農業政策について頻繁に貴重な情報をいただいた。両氏の幅広い政策知識、最新情報の収集力と勉強ぶりには頭が下がった。シカゴ総領事館の領事だった皆川治氏（現農水省）からは、農業政策だけでなく、米国の政治、中西部各州の情勢などで貴重な話を聞けた。こうした農水官僚との交流では日本の官僚システムの良質な部分を実感した。

シカゴ特派員時代、取材だけでなく公私にお世話になったものの、本文中、そしてこの「おわりに」でも紹介できなかった方々には、非礼を詫びつつ、謝意を表したい。また、この本に至るまでの取材活動の中では、初めて国際穀物貿易のダイナミズムを教えてくれたユニパック・グレインの茅野信行社長、そして商品先物市場の奥深さを説いてくれただけでなく、折に触れ人生のさまざまなアドバイスもいただいた多摩大学教授で経営リスクマネジメント研究所の河村幹夫所長にも改めて感謝したい。

シカゴ赴任中、大切な人を2人失った。1人は母だ。2008年10月15日未明、兄からの突然の電話で訃報がもたらされた。あちこち病んでいて、入退院も繰り返していたが、この事態は全く想定していなかった。赴任後はこの訃報があるまで一度も帰国せず、3年9カ月近く会わないという親不孝なままでの唐突な別れだった。

そして、母の他界の約2カ月前の08年8月17日、筆者の仕事上の、そして人生の師でもあった経済ジャーナリストの佐中明雄氏が亡くなった。筆者が時事通信社の新米記者時代の上司だった佐中氏がユーロ債市場をカバーする専門雑誌IFR（International Financing Review）の日本版創刊時の編集長として転職した際に、筆者も誘われ、1990年2月に2人で英国ロンドンに赴任した。その後、2年弱、ロンドンでデリバティブ取引の勃興期の国際金融の最先端の取材ができ、経済ジャーナリストとしての醍醐味を味わえた。

佐中氏は途中でプロジェクトを離れ関西の大学で教鞭をとることになったが、筆者はロンドンから帰国後、そして時事通信社に出戻った後も、定期的に佐中氏と大いに飲み、語り合った。今回もシカゴ駐在を終えたら、時事通信社の元ニューヨーク支局長だった佐中氏と米国の強みや弱みについて議論するつもりだった。この本が、佐中氏への遅ればせの帰国報告になればと思っている。

この本は、一経済記者である筆者が、幸運にも間近で見守ることのできた米国の穀物市場での歴史的なイベントをせめて記録に残しておきたいと思い、執筆を始めた。相場の先行きを含め将来を大胆予測するかのような表現は極力排除し、淡々と描写したつもりだが、それでも、過去の取材経験もにじみ出し、読者も多少バイアスを感じる部分もあるかもしれない。そこでは日本人の大事な食の供給源である米国の穀物市場の実態をより効果的に伝えたいという思いもあった。世界の覇権構造が米国中心から、多極化に向かい、あるいは中国主導へと移行するかもしれないという時代の大変革期を迎え、まだ先進資本主義国に踏みとどまっている日本がいかに自立した国を再構築していくか。そして、今後も間違いなく続いていくだろうグローバル化と市場経済にどう向き合い、間合いを取っていくか。この本がこうした命題を考えていく一つの手掛かりになればと思う。

2010年3月末記

増田　篤

◎**著者紹介**

増田　篤（ますだ・あつし）

時事通信社・外国経済部デスク

1961年生まれ。1986年4月、時事通信社入社、証券部、徳島支局。1990年2月、英IFRパブリッシング社入社、国際金融雑誌「IFR日本版」ロンドン特派員、「IFR・ディール・ウォッチ」副編集長。1993年4月時事通信社再入社、商況部、経済一部、外国経済部、シカゴ特派員（2005.1-2009.4）

検証《けんしょう》 米国農業革命《べいこくのうぎょうかくめい》と大投機相場《だいとうきそうば》

——バイオ燃料《ねんりょう》ブームの向《む》こう側《がわ》で何《なに》が起《お》きたのか!?——

2010年6月5日　初版発行

著　者：増田　篤

発行者：長　　茂

発行所：株式会社時事通信出版局

発　売：株式会社時事通信社

〒104-8178　東京都中央区銀座 5-15-8

電話03（3501）9855　http://book.jiji.com

印刷／製本：株式会社太平印刷社

ISBN978-4-7887-1062-7　C0031　Printed in Japan